高效能人士的 PPT办公秘技 300 招

陈英杰　范景泽　等编著

U0298806

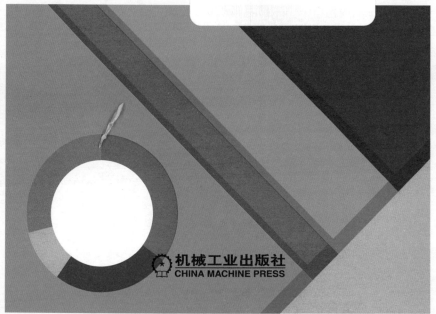

机械工业出版社
CHINA MACHINE PRESS

本书以PPT 2016为创作版本，从零基础开始，对办公人员在工作过程中应用PPT时遇到的各类难题，以实战演练的形式，通过300个实用案例给出了相应问题的具体解决方案。

本书共12章，详细介绍了日常办公中对PPT的不同应用技巧，内容涵盖了PPT软件的基础操作、常用设置、背景与图片、版式与设计、音频与视频、特效与链接、放映与输出、动画制作，以及优化与疑难解答等方面的知识，并通过扫码附赠（扫描封底二维码进入本书配套相关云盘）的形式提供了全书完整的实例素材文件供读者学习。

本书内容丰富、步骤清晰、通俗易懂、图文并茂，可以有效帮助用户提升办公中PPT的应用水平。本书主要定位于希望快速掌握PPT软件操作的初级和中级用户，可作为行政文秘等岗位办公人员的查询手册，也可作为大中专院校相关专业、公司岗位培训或电脑培训班深入学习PPT的培训教程，还可作为广大PPT软件爱好者的兴趣读物。

图书在版编目（CIP）数据

高效能人士的PPT办公秘技300招／陈英杰，范景泽编著．—北京：机械工业出版社，2017.12

ISBN 978-7-111-58799-6

Ⅰ．①高… Ⅱ．①陈… ②范… Ⅲ．①图形软件 Ⅳ．①TP391.412

中国版本图书馆CIP数据核字（2017）第320047号

机械工业出版社（北京市百万庄大街22号　邮政编码100037）

策划编辑：丁　伦　责任编辑：丁　伦
责任校对：丁　伦　封面设计：子时文化
责任印制：李　飞
北京利丰雅高长城印刷有限公司印刷
2018年3月第1版第1次印刷
148mm×210mm·11印张·339千字
0001—3000册
标准书号：ISBN 978-7-111-58799-6
定价：69.90元（附赠海量资源，含教学视频）

凡购本书，如有缺页、倒页、脱页，由本社发行部调换

电话服务　　　　　　　　　　网络服务
服务咨询热线：010-88361066　机 工 官 网：www.cmpbook.com
读者购书热线：010-68326294　机 工 官 博：weibo.com/cmp1952
　　　　　　　010-88379203　金 书 网：www.golden-book.com
封面无防伪标均为盗版　　教育服务网：www.cmpedu.com

Perface 前言

　　凭借动画制作、背景切换、特效制作、放映输出等强大又实用的功能，PPT 在制作演示文稿方面有着至关重要的地位。如果您是使用办公软件的"菜鸟"，却想快速掌握软件的操作；如果您是职场新人，希望在短时间内学到更多的 PPT 办公知识，从而尽可能满足工作的需要，那么，请翻开这本"技巧手册"，这其中所包含的 PPT 招数，能让您在行政办公的"江湖"里占有一席之地。

1 本书主要内容

　　行政文秘办等岗位的公人员在应用 PPT 进行演示文稿制作时，难免会遇到诸多的疑问导致工作进度受阻，针对这种情况，本书主要目的就是给出这些日常办公中出现问题的具体解决办法，分为 PPT 软件操作基础、PPT 内容编辑基础、PPT 文稿格式设置、PPT 版式设计、PPT 特效切换等模块，在每个模块中，通过实例介绍 PPT 操作技巧，帮读者解决在工作中的各类疑难问题，从而切切实实地提升办公水平。

　　本书共 12 章，第 1 章为 PPT 软件操作基础，介绍 PPT 软件的启动、快速切换窗口、自定义功能区等内容；第 2 章为 PPT 内容编辑基础，介绍快速插入幻灯片、快速选择多个对象等的操作方法；第 3 章为 PPT 文稿格式设置，介绍为文本添加分栏效果、为幻灯片插入艺术字等设置的操作方法；第 4 章为 PPT 的字体和图形设置，介绍了制作各种字体效果以及 SmartArt 图形的应用等内容；第 5 章为 PPT 的背景与图片设置，介绍了设置幻灯片背景、图形编辑以及图片效果的应用等内容；第 6 章为 PPT 的版式与设计，介绍了讲义母版的设计、幻灯片版式的应用以及标尺的使用等内容；第 7 章为 PPT 的音频与视频操作，介绍了声音文件的插入、录制音频的插入等内容；第 8 章为在 PPT 中插入表格，详细介绍了在 PPT 中插入表格的各种操作方法；第 9 章为 PPT 的特效与切换，介绍了各种动画特效的制作以及切换效果的添加等内容；第 10 章为 PPT 的放映与输出，介绍了标记的取消和隐藏、幻灯片的自动播放等内容；第 11 章为 PPT 中的动画制作，介绍了时间轴的用法等内容；第 12 章为演示文稿的优化与疑难解答，介绍了为多个对象统一设置宽高、制作磨砂效果、加密演示文稿以及如何抢救丢失的文稿等内容。

2 本书主要特色

　　特色一：针对性强，招招实用。本书没有铺排过多的理论知识，而是专注于行政办公领域，总结了 300 个实例，如 PPT 动画制作、PPT 特效与切换效果制作、放映 PPT 等，每招只需 1 分钟，详细讲解了操作步骤，帮读者轻松掌握操作秘技。

　　特色二：案例真实，身临其境。考虑到办公的实战性，本书中的案例均来源于实际工作中遇到的问题，为读者营造了一个真实的办公氛围。这些案例均保留在免费提供的配套学习资源中，只需根据实际需要，稍加修改，即可应用到实际的工作中。

特色三：通俗易懂，图文并茂。在讲解的过程中，采用图解的方式，使用通俗易懂的语言对步骤进行说明，并通过扫码附赠的形式免费提供了语音教学视频，使招式的讲解生动而有趣。

特色四：技巧拓展，更进一步。除了正文中提到的 300 个实例，对于难理解的要点或需要注意的事项，还进行了知识拓展，进一步加深信息，掌握操作技巧，增加了实例的含金量。

3 本书适用人群

（1）如果您是 PPT 界的"小白"，那就进入书中设计的各种情境，从第 1 章开始学习 PPT 的基本操作和技巧，以及在实际工作中的应用。

（2）如果您是初涉行政文秘等相关工作的职场新人，已经具备了一定的 PPT 操作能力，那可以从目录中快速检索需要的技巧，在掌握软件操作的基础上深化学习，掌握不熟悉的内容，从而精通办公、职场方面的各类应用技巧。

4 本书创作团队

本书由沈阳化工大学工业与艺术设计系陈英杰和沈阳理工大学范景泽编著，其中陈英杰编写了第 1 章～第 6 章，范景泽编写了第章 7～第 12 章。其他参与内容编写和案例测试的人员名单如下：陈寅、钟瑞、宋一迪、刘敏、向小腾、荣宇、封瑜、廖成志、冯光翰、吴艳超、李毅、向博山、刘雪莎、皮清海、涂宏佳、杜建伟、王岚、郭舒佳、易依、胡淑芳、陈远、宋瑾、柴青、钟昕、徐芳宇、戴京京、贺富强、杨玄、张梦婷、李杏林等。他们均为从事职场教学及培训多年的培训师，培养了大量优秀的学员。

由于时间仓促，作者水平有限，书中难免有疏漏之处。在感谢读者选择本书的同时，也希望能够反馈对本书的意见和建议（具体联系方式请参看图书封底上的电话及二维码）。

Contents 目录

前言

第4章　PPT 的特殊字体与图形

第5章　PPT 的背景与图片

第6章　PPT 的版式与设计

第7章　PPT 的音频与视频

第 8 章　PPT 中表格与图表的应用

第 9 章　PPT 的特效与链接

第 10 章　PPT 的放映与输出

第11章　PPT中的常用动画制作

第12章　演示文稿优化与疑难解答

第1章
PPT 软件
操作基础

Microsoft Office PowerPoint （简称PPT）2016是微软公司开发的一款演示文稿制作软件，它基于Windows操作系统，具有强大的办公操作能力，可以创建演示文稿，也可以通过现场和远程会议等形式展示演示文稿，还可以以文件形式传输演示文稿，以及保存演示文稿为PDF格式、图片格式并输出打印PPT，现已广泛用于各类办公领域。和大多数软件基础操作类似，PPT软件的基础操作包括启动和关闭PPT、保存PPT、对文件进行重命名、设置权限以及设置快速访问工具栏等。PowerPoint 2016独有的基础操作，包括移动拆分窗口和快速适应窗口等。

本章主要介绍PPT软件的基本操作技能，掌握这些技能是运用PowerPoint 2016进行内容编辑和版面设计的前提，这些内容难度小，入门快。

实例 001 启动 PPT

难度系数：★★★ 适用版本：07/10/13/16

问题介绍：小红刚打开公司计算机，就收到老板发来的一个演示文稿，要求对内容进行检查再确认。首先需要启动 PowerPoint 2016，下面为大家介绍如何启动该软件。

① 最常用的方法是双击软件图标。把光标移至桌面PowerPoint 2016快捷方式图标上，双击PowerPoint 2016快捷图标，即可启动PPT，如图 1–1所示。

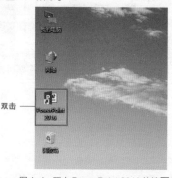

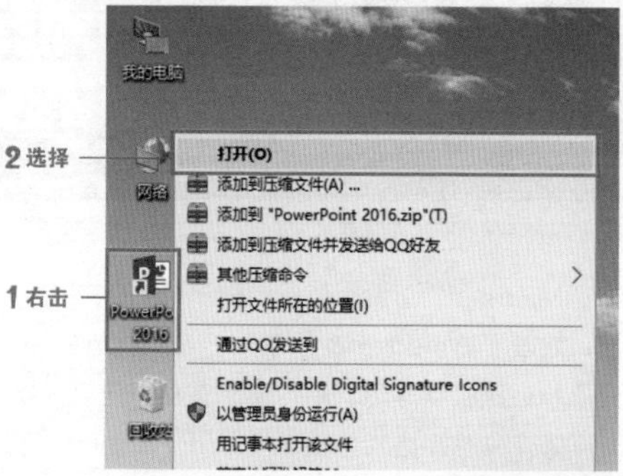

图 1-1 双击 PowerPoint 2016 快捷图标

② 右键单击启动。右键单击PowerPoint 2016快捷图标，在弹出的菜单中选择“打开”命令，启动PPT，如图 1–2所示。

图 1-2 右击 PowerPoint 2016 快捷图标

③ 通过“开始”菜单启动。单击桌面左下角的“开始”按钮，在“所有程序”列表中选择PowerPoint 2016选项，单击即可启动该软件，如图 1–3所示。

图 1-3 从“开始”菜单启动 PPT

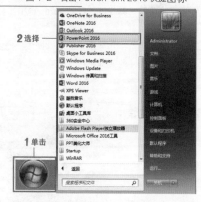

技巧拓展

如果需要打开某个指定的演示文稿，用户可以打开文件存储的文件夹，双击目标文件。

Extra Tip＞＞＞＞＞＞＞＞＞＞＞

实例 002 开机自启 PPT

难度系数：★★ 适用版本：07/10/13/16

问题介绍：最近一段时间每天都需要用到PPT，如果能一打开计算机就随系统自动启动，确实方便很多。大多数软件都提供开机自启功能，PowerPoint 2016也不例外。

❶ 运用快捷键Win + R，打开"运行"对话框，在"打开"文本框中输入 shell: startup，即可打开"启动"文件夹，如图 1-4所示。

❷ 把PowerPoint 快捷方式拖至文件夹中，即可实现该软件的开机自启，如图 1-5所示。

图 1-4　确打开"运行"对话框

图 1-5　在"启动"文件夹中添加
PowerPoint 2016 快捷图标

技巧拓展

当然，想要取消开机自启动设置，可以直接在"开始"菜单"所有程序"列表中的"启动"文件夹下删除PowerPoint 2016启动图标。

Extra Tip ＞＞＞＞＞＞＞＞＞＞＞＞＞

实例 003

快速退出 PPT 放映

问题介绍： 进行PPT放映的过程中，有时需要同时运行其他软件进行演示，这时候可以快速退出幻灯片放映模式，来解决这个问题。下面为大家介绍如何快速退出PPT放映。

❶ 在PowerPoint 2016中打开"素材\第01章\实例003\工作总结汇报.PPTx"，按下快捷键F5，进入放映模式。

❷ 右键单击界面空白处，在弹出的快捷菜单中选择"结束放映"命令，即可快速退出PPT的放映状态，如图 1-6所示。

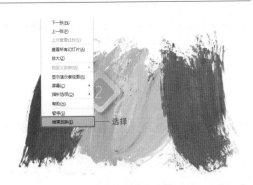

图 1-6　结束自动放映

技巧拓展

要快速退出PPT的放映模式，也可以直接按下Esc快捷键。快速关闭PPT还有两种可供选择的快捷方式：使用Ctrl + W组合键，可保存并快速关闭PPT；使用Alt + F4组合键，可快速关闭已保存的PPT。

实例 004

难度系数：★ 适用版本：07/10/13/16

自动保存 PPT

问题介绍： 在工作中难免会遇到一些突发的情况，比如意外断电、程序系统出现错误等，此时若没有及时保存文件内容，很可能之前的构思和成果都付诸东流。下面介绍如何自动保存PPT内容。

① 首先单击"文件"标签，选择"选项"选项，如图 1-7所示。

② 在弹出的"PowerPoint选项"对话框中选择"保存"选项，设置自动保存的时间和保存路径，单击"确定"按钮，即可设置PPT的自动保存操作，如图 1-8所示。

图 1-7 选择"选项"选项

图 1-8 设置自动保存

技巧拓展

要根据个人需要设置自动保存的时间，不要过于频繁地保存或者很长时间保存一次。假如小红正在做一个汇报的演示文稿，突然不小心把电源给拔掉了，重新开机后，发现一上午做的演示文稿变成了新建的空白文档，要想找回断电前已经保存的部分文稿，只需打开"PowerPoint选项"对话框"保存"面板中"默认文件位置"所指示的文件夹，然后恢复回来即可。

实例 005 重新命名演示文稿

问题介绍： 有时候，对原始文稿进行修改稿后还需要对其进行重新命名，比如在演示文稿原有名称上备注日期和修改人姓名等，下面为大家介绍如何重新命名演示文稿。

❶ 打开"素材\第01章\实例005"文件夹，右键单击演示文稿，在弹出的快捷菜单中选择"重命名"命令，如图 1-9 所示。

❷ 在原文稿名称处重新输入文字，即可为演示文稿重新命名，如图 1-10 所示。

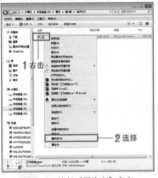

图 1-9 执行"重命名"命令

图 1-10 编辑名称

技巧拓展

使用F2功能键，同样可以为PPT文件重新命名。

ExtraTip >>>>>>>>>>>>>

实例 006 快速切换窗口

问题介绍： 小红在工作中经常会遇到多个演示文稿同时打开的情况，每次通过任务栏进行切换不仅不方便，还降低工作效率。那么，如何提高窗口切换操作的便捷度呢？

❶ 打开"素材\第01章\实例006\工作总结汇报·pptx"和"素材\第01章\实例006\电话销售培训·pptx"，在"视图"选项卡下单击"切换窗口"下拉按钮。

❷ 选择需要编辑的"电话销售培训·pptx"选项，即可快速切换到此演示文稿，如图 1-11 所示。

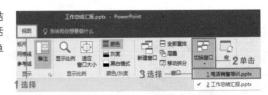

图 1-11 快速切换窗口

第1章
第2章
第3章
第4章
第5章
第6章
第7章
第8章
第9章
第10章
第11章
第12章

技巧拓展

切换演示文稿的前提是多个演示文稿已经同时处于打开状态，只打开一个演示文稿进行编辑时，无需执行此类操作。

Extra Tip >> > > > > > > > > > >

移动拆分窗口

问题介绍：在会议中进行演示文稿展示时，若需要调整PowerPoint界面左侧状态栏和主要工作区的相对大小，可运用 移动拆分窗口功能。

① 首先选择"视图"选项卡，在"窗口"选项组中单击"移动拆分"按钮 。

② 然后根据界面出现的十字光标，使用键盘上的四个方向键进行三个区域的相对大小调整，如图 1-12所示。

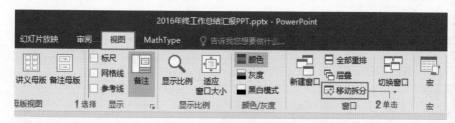

图 1-12　移动拆分窗口

技巧拓展

当向演示文稿中插入文本框或者图片时，运用Shift + 方向键可以快速调整文本框或者图片的大小。

Extra Tip > > > > > > > > > > > >

快速适应窗口

问题介绍：有时候需要把主要工作区调小，以便于设置动画效果和浏览，有时候需要放大主要工作区，进行精细化排版和编辑，"适应窗口大小"功能恰好能解决这些问题。

① 首先切换至"视图"选项卡，单击"备注"按钮。

② 单击"适应窗口大小"按钮，如图1-13所示。

图 1-13　快速适应窗口大小

实例 009　导出演示文稿中的图片

问题介绍：小红在浏览同事的汇报类演示文稿时，发现最后一张幻灯片的背景插图很有特色，想把这张图片导出保存为素材。那么，导出演示文稿中的图片该怎么操作呢？

① 打开"素材\第01章\实例009\工作总结汇报·pptx"，右键单击背景图片，在弹出的快捷菜单中选择"另存为图片"命令，如图1-14所示。

② 在打开的"另存为图片"对话框中选择保存路径，然后在"文件名"文本框中输入图片名称，将保存类型设置为图片格式，最后单击"保存"按钮，如图1-15所示。

图 1-14　选择要导出的图片

图 1-15　图片另存为

实例 010 自定义快速访问工具栏

难度系数: ★　适用版本: 07/10/13/16

问题介绍: 小红在制作演示文稿时经常使用"设置形状格式"和"组合"命令,这时把这两项命令添加到快速访问工具栏,可以提高工作效率。

❶ 单击"文件"标签,选择"选项"选项。

❷ 在弹出的"PowerPoint选项"对话框中,切换至"快速访问工具栏"选项面板,选择"常用命令"选项,选择"组合"选项,单击"添加"按钮,可以看到"自定义快速访问工具栏"列表框中已添加"组合"命令,单击"确定"按钮。以同样的方法添加"设置形状格式"命令,即可将其添加到快速访问工具栏,如图1-16所示。

❸ 选择"组合"选项,单击向上按钮后,单击"确定"按钮。这样即可在快速访问工具栏中把"组合"命令置前了,如图1-17所示。

图1-16 自定义快速访问工具栏

图1-17 调整命令顺序

技巧拓展

单击 ▼ 下拉按钮,选择"其他命令"选项,直接打开已设置好的快捷访问工具栏,重新进行自定义设置。

Extra Tip >>>>>>>>>>>>>>

实例 011 调整快速访问工具栏位置

难度系数: ★★　适用版本: 07/10/13/16

问题介绍: 小红借用同事的笔记本电脑,准备制作工作汇报演示文稿,习惯性地利用快速访问工具栏进行放映时,发现快速访问工具栏的位置和自己的不一样,有点不习惯,该怎么调整快速访问工具栏的位置呢?

❶ 要将快速访问工具栏调整到功能区下方,则单击 ▼ 下拉按钮,选择"在功能区下方显示"选项,如图1-18所示。

❷ 若要将快速访问工具栏调整到功能区上方,则单击 ▼ 下拉按钮,选择"在功能区上方显示"选项,如图1-19所示。

第 1 章

第 2 章

第 3 章

第 4 章

第 5 章

第 6 章

第 7 章

第 8 章

第 9 章

第 10 章

第 11 章

第 12 章

图 1-18 设置在功能区下方显示　　　　　　　　图 1-19 设置在功能区上方显示

技巧拓展

也可以单击"文件"标签，选择"选项"选项，打开"PowerPoint选项"对话框，在"快速访问工具栏"选项面板中勾选"在功能区下方显示快速访问工作栏"复选框。

Extra Tip >>>>>>>>>>>>

实例 012

自定义功能区

问题介绍：小红在工作中经常要制作工作汇报类演示文稿，因此用到的选项卡和命令主要涉及打开、编辑以及保存PPT。将常用选项卡及命令添至功能区是工作中常用的提高效率的方法。

难度系数：★★★

适用版本：07/10/13/16

❶ 首先单击"文件"标签，选择"选项"选项。

❷ 在弹出的"PowerPoint选项"对话框中，选择 "自定义功能区"选项面板，选择"所有选项卡"选项后，单击"新建选项卡"按钮，选择"新建选项卡"选项，单击"重命名"按钮，进行重命名操作。采用同样的方法，对"新建组"进行重命名，如图 1-20所示。这里参考命名为"汇报模板""打开"等。

❸ 先选定新建的"汇报模板"选项卡下"打开"选项组，然后在 "常用命令"选项列表框中选择"打开"命令，单击"添加"按钮后，单击"确定"按钮，如图 1-21所示。

图 1-20 设置功能区

图 1-21 添加命令至新建选项卡

技巧拓展

将常用功能命令创建为新选项卡后，如果后续不再需要该选项卡，则用户可以在 "PowerPoint选项"对话框中切换至"自定义功能区"选项面板，选择新建的选项卡，单击"删除"按钮即可。

Extra Tip>>>>>>>>>>>>>

实例 013

隐藏功能区

问题介绍： 对已完成的演示文稿进行修改时，若只需简单编辑演示文稿，采用简单的工作区界面更便于浏览和整体观察演示文稿，"自动隐藏功能区"功能可以实现这样的操作需求。

① 单击 国 下拉按钮，选择"自动隐藏功能区"选项，如图 1-22 所示。

② 如果需要重新显示功能区，则单击 国 按钮，选择"显示选项卡和命令"选项，即可恢复功能区，如图 1-23 所示。

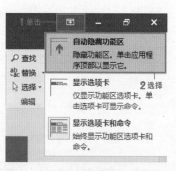

图 1-22　项自动隐藏功能区

图 1-23　显示选项卡和命令

为演示文稿添加作者名

问题介绍： 对于精心制作的培训计划类演示文稿，小红为了保护知识产权不被侵犯，想添加作者名，下面介绍如何为PPT添加作者名。

① 单击"文件"标签，选择"信息"选项，如图 1-24 所示。

② 选择"相关人员"选项区域中的"添加作者"文本框，然后输入作者名，如图 1-25 所示。

图 1-24 打开"信息"选项面板

图 1-25 添加作者名

技巧拓展

用户可以为每一张幻灯片添加作者名，也可以为整张演示文稿添加作者名。

Extra Tip>>>>>>>>>>>>

实例 015

设置演示文稿权限

问题介绍：公司的办公计算机是公用的，但是小红在电脑里存了一些商用演示文稿，为了避免造成不必要的信息泄露，急需对演示文稿进行安全设置。

① 单击 "文件" 标签，选择"信息"选项，如图 1-26所示。

② 单击"保护演示文稿"下拉按钮，选择"用密码进行加密"选项，在打开的对话框中输入密码后，单击"确定"按钮，如图 1-27 所示。

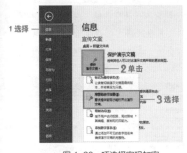

图 1-26 项选择密码加密

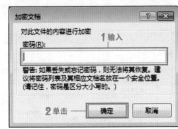

图 1-27 输入密码

技巧拓展

直接在"保护演示文稿"下拉列表中选择"标记为最终状态"选项，即可将演示文稿设置为只读状态，避免内容被无意更改。

Extra Tip>>>>>>>>>>>>

第 1 章

第 2 章

第 3 章

第 4 章

第 5 章

第 6 章

第 7 章

第 8 章

第 9 章

第 10 章

第 11 章

第 12 章

实例 **016**

难度系数：★★★

适用版本：07/10/13/16

快速切换输入法

问题介绍： 中英文切换编辑是工作中极为常见的操作。小红在制作关于进口产品展示演示文稿的过程中，需要快速切换输入法制作英文说明书的中英文对照解释。

① 单击开始按钮 ，打开应用程序菜单列表。

② 选择"控制面板"选项，打开"控制面板"面板，在"时钟、语言和区域"选项区域选择"更改键盘或其他输入法"超链接，如图1-28所示。

③ 然后单击"更改键盘"按钮，在打开的对话框中选择"常规"选项卡，选择合适的输入法后，单击"确定"按钮，如图1-29所示。

图 1-28 打开控制面板

图 1-29 选择输入法

技巧拓展

　　每次按照上述步骤操作过于繁琐，因此可以设置切换输入法的快捷键。在"文本服务和输入语言对话框"中的"高级键设置"选项卡下设置更改语言栏热键选项，如图1-30所示。单击"更改热键顺序"按钮，在"切换键盘布局"选项区域中选择Ctrl + Shift单选按钮，之后只需按下快捷键Ctrl + Shift，即可快速切换输入法，图1-31所示。

图 1-30 切换至"高级键设置"选项卡

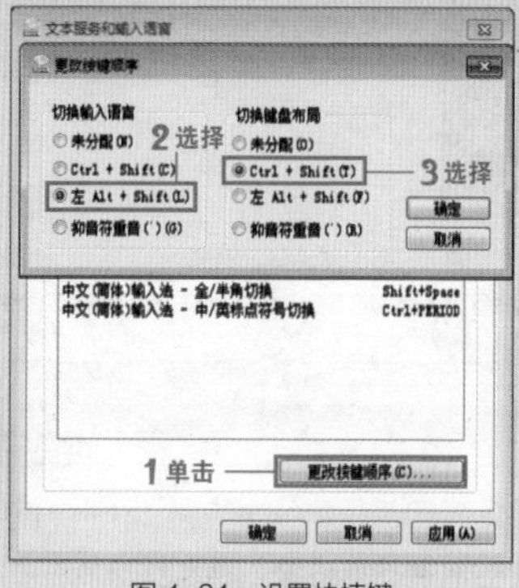

图 1-31 设置快捷键

实例 017

将 PPT 保存为图片

问题介绍： 现在小红要把创建的产品展示演示文稿做成展板，为了输出高像素的清晰图像，需要将演示文稿保存为图片格式。下面为大家介绍如何将PPT保存为图片。

① 首先单击"文件"标签，选择"另存为"选项，在"另存为"选项面板中选择"浏览"选项，如图 1-32所示。

② 在打开的"另存为"对话框中选择存储位置，输入"文件名"，设置"保存类型"为图片格式（.jpg、.bmp、.tif等.），单击"确定"按钮，如图 1-33所示。

图 1-32 打开"另存为"文件夹　　　图 1-33 设置保存类型

技巧拓展

还可以直接将PPT的扩展文件名改成图片格式，如将.pptx改为.jpg，直接将演示文稿变为图片格式。

Extra Tip > > > > > > > > > > > > >

实例 018

设置取消操作步数

问题介绍： 默认情况下，PowerPoint最多能恢复20次的操作，当错误操作太多，可以重新设置取消操作数，下面介绍设置PPT取消操作步数的方法，具体步骤如下。

① 首先单击"文件"标签，选择"选项"选项，打开"PowerPoint选项"对话框，在左侧列表框中选择"高级"选项。

② 在"编辑选项"选项区域中，对"最多取消操作数"数值框中的数值进行修改，然后单击"确定"按钮，如图 1-34所示。

图 1-34 设置最多可取消操作的步数

第1章
第2章
第3章
第4章
第5章
第6章
第7章
第8章
第9章
第10章
第11章
第12章

技巧拓展

用户在PowerPoint中操作错误时，可以使用"撤销"功能撤销错误的操作，但最多只能撤销150次。

Extra Tip ▶ ▶ ▶ ▶ ▶ ▶ ▶ ▶ ▶ ▶ ▶ ▶

实例 019

恢复未保存的演示文稿

难度系数：★★★☆☆ 适用版本：07/10/13/16

问题介绍： 由于这段时间公司总是出现意外断电的情况，小红不得不对"恢复未保存的演示文稿"功能进行设置，以防编辑的演示文稿内容因未及时保存而受损失。

① 首先单击"文件"标签，选择"信息"选项。

② 单击"管理演示文稿"下拉按钮，选择"恢复未保存的演示文稿"选项，如图1-35所示。

技巧拓展

在"PowerPoint选项"对话框中，切换至"保存"选项面板，复制"自动恢复文件位置"文本框中的地址，然后用PowerPoint 2016中打开该地址，也可以找到之前未保存的演示文稿。

Extra Tip ▶ ▶ ▶ ▶ ▶ ▶ ▶ ▶ ▶ ▶ ▶ ▶

图1-35 恢复未保存的演示文稿

实例 020

将 PPT 保存为图片演示文稿

难度系数：★★★☆☆ 适用版本：07/10/13/16

问题介绍： 在传输和发布演示文稿时，为避免同事误操作导致幻灯片某些格式的变动，我们可以对演示文稿的操作权限进行设置。

① 首先单击"文件"标签，选择"另存为"选项，在打开的"另存为"选项面板中选择"浏览"选项，如图1-36所示。

❷ 在打开的"另存为"对话框中，将保存类型设置为"PowerPoint图片演示文稿"，单击"确定"按钮，即可设置演示文稿为可读不可修改状态，如图1-36所示。

图 1-36　保存为图片演示文稿格式

技巧拓展

将PPT保存为PDF格式或设置为自动放映模式，都可防止被修改。

Extra Tip >>>>>>>>>>>>>

职场小知识

霍桑效应

简介: 关注或者被关注，就像亲切的问候，都可以给人美好的体验。

　　霍桑效应现在被普遍定义为管理学中出现的一种心理学效应——由于受到外界额外的关注使得内部产生积极向上的状态。这源于1924年至1933年间的一系列以工作条件与工作效率关系为对象的实验。

　　心理学研究小组试图通过改善工作条件与环境等外在因素，找到提高劳动生产率的途径。当时，他们选定了继电器车间的六名女性工人作为观察对象。在七个阶段的试验中，不断改变照明、工资、休息时间、午餐、环境等因素，期望从传统的影响因素实验得出干扰生产效率的因子，但结果不如人意。在接下来的两年时间内，又请来一批心理学专家，找工人谈话两万余人次，耐心听取工人对管理的意见和抱怨，让他们尽情地宣泄。结果，霍桑电器工厂的工作效率大大提高。

　　因此，由一系列实验得出两个较为显著且有影响力的结论。第一，工作中的人不是"经济人"，金钱并非调动工作积极性的唯一动力，而是"社会人"，属于复杂社会关系中的一员。因此，职场上的管理和交流合作过程需要情感上的安全感和归属感支撑，并发挥重要作用。第二，组织中的"非正式团体"在无形中影响甚至引导成员的行为和决策，而其形成并非由经济产生，却对正式团体的经济需要产生方向性的积极或消极作用，因此不可忽视。

　　由此可以得到启示，在工作过程中工作任务的完成固然重要，而任务的交接以及团队之间的交流更要用心对待，被关注者往往会因为感情上的重视、态度上的尊重以及行为上的理解而产生良性反馈，这不仅仅体现与人尊重的美德，也是有效提高团队工作效率的良方。

第2章

PPT 内容

编辑基础

Chapter 2

古往今来，文字所营造的意境之美给撰写者以涓涓的灵感，让观赏者可以感受字里行间的汩汩内涵。PowerPoint 2016作为一款演示文稿软件，文本是幻灯片的基本组成元素。文字内容是向受众传达信息最准确也是最直接的一种表达方式，处理好内容编辑的基础操作有助于用户高效制作出精美实用的幻灯片。

本章将详细介绍包括快速插入幻灯片、快速选择对象、轻松更改幻灯片及对象的顺序和位置，以及文本的插入、导入、复制和粘贴等编辑技巧，难度适中，易于掌握。

实例 021

快速插入幻灯片

问题介绍： 小红在编辑 "入职员工培训.pptx" 演示文稿的过程中，需要对公司文化进行说明。因此可以将有关公司简介演示文稿中部分幻灯片内容用作参考。下面介绍快速插入幻灯片的方法。

① 在PowerPoint 2016中打开 "素材\第02章\实例021\入职员工培训.pptx" 演示文稿，单击 "插入" 选项卡，单击 "新建幻灯片" 下拉按钮，选择 "重用幻灯片" 选项，然后单击 "浏览" 按钮，选择 "浏览文件" 选项，如图 2-1所示。

② 在弹出的 "浏览" 对话框中选择 "互联网公司简介.pptx" 演示文稿，单击 "打开" 按钮，如图 2-2所示。

图 2-1 打开 "重用幻灯片" 窗格

图 2-2 选择要插入的演示文稿

③ 在原演示文稿中确定插入位置，这里选定第3张幻灯片，在 "重用幻灯片" 导航窗格中选择 "幻灯片6" 选项，即可将此幻灯片快速插入原演示文稿的第3张和第4张幻灯片之间。插入后的效果如图 2-3所示。

图 2-3 快速插入幻灯片

技巧拓展

同时打开供插入演示文稿和待插入演示文稿，复制供插入的幻灯片，并将其粘贴到待插入幻灯片的位置，例如上述所说的第3张和第4张幻灯片之间，即可快速插入幻灯片。

Extra Tip >>>>>>>>>>>>

实例 022

快速选择多个对象

难度系数：★★★　适用版本：07/10/13/16

问题介绍：小红在制作"入职员工培训"演示文稿时，需要同时选中第1张幻灯片中的多张图片，该如何快速选择多个对象呢？

❶ 在PowerPoint 2016中打开"素材\第02章\实例022\入职员工培训.pptx"演示文稿，按住Ctrl键，然后逐一单击所需要的6张图片，即可快速选择多个对象，如图 2-4所示。

❷ 也可以直接按住鼠标左键并拖动对多个对象进行框选，来同时选中多个需要的对象。

图 2-4　快速选择多个对象

实例 023

快速复制和粘贴幻灯片

难度系数：★★★　适用版本：07/10/13/16

问题介绍：对于"入职员工培训"演示文稿的编辑，由于公司简介部分内容较多，需要采用多张统一样式的幻灯片，因此可以通过复制和粘贴幻灯片的操作来得到。

❶ 在PowerPoint 2016中打开"素材\第02章\实例023\入职员工培训.pptx"演示文稿，选择第3张幻灯片并右击，在弹出的快捷菜单中选择"复制"命令，如图 2-5所示。

❷ 将鼠标指针移至第3张幻灯片和第4张幻灯片之间的空白处，并右击，在弹出的快捷菜单中的"粘贴选项"下选择"使用目标主题"选项，即可完成粘贴操作，如图 2-6所示。

图 2-5　复制幻灯片

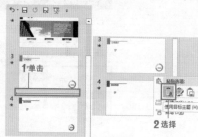

图 2-6　粘贴幻灯片

技巧拓展

在"粘贴选项"选项区域下选择"保留源格式"选项，多用于不同演示文稿间复制和粘贴幻灯片且需要保留原有演示文稿格式的情况。使用快捷键Ctrl + C复制第3张幻灯片，然后使用快捷键Ctrl + V粘贴于目标位置，也可在演示文稿内快速复制和粘贴幻灯片。

实例 024

删除多余的幻灯片

问题介绍: 在编辑"入职员工培训"演示文稿时,考虑到"附录部分"所占篇幅过多,小红决定删掉多余的幻灯片,以免出现重复累赘的问题。

难度系数: ★★☆
适用版本: 07/10/13/16

① 在PowerPoint 2016中打开"素材\第02章\实例024\入职员工培训.pptx"演示文稿,然后,在左侧导航窗格中选择第7张幻灯片并右击,在弹出的快捷菜单中选择"删除幻灯片"命令,即可删除多余的幻灯片,如图 2-7所示。

② 需要注意的是,如果想同时删除多张多余的幻灯片,可以在左侧导航窗格用鼠标辅以快捷键Shift或者Ctrl进行多项选择,然后按Delete键删除多张多余的幻灯片。其中Shift键可以按顺序选中连续多个幻灯片,而Ctrl键可以根据鼠标单击的顺序,选中多个间隔或非间隔排列的幻灯片。

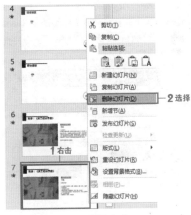

图 2-7　删除多余幻灯片

实例 025

轻松移动幻灯片

问题介绍: 演示文稿由多张幻灯片组成,而每一张幻灯片的版式和内容又自成一体,移动幻灯片可以轻松地组织演示文稿。下面介绍如何轻松移动幻灯片。

难度系数: ★★☆
适用版本: 07/10/13/16

① 在PowerPoint 2016中打开"素材\第02章\实例025\入职员工培训.pptx"演示文稿,在左侧导航窗格中选择第1张幻灯片,如图 2-8所示。

② 在第1张幻灯片处按住鼠标左键并拖动至第2张与第3张幻灯片之间,即完成移动幻灯片操作,如图 2-9所示。

图 2-8　选择第 1 张幻灯片

图 2-9　移动幻灯片

第1章
第2章
第3章
第4章
第5章
第6章
第7章
第8章
第9章
第10章
第11章
第12章

更改幻灯片的顺序

问题介绍: 幻灯片的排列位置决定了演示文稿的播放顺序, 在演示过程中如有幻灯片顺序排列不合理的地方, 除在左侧导航窗格中移动幻灯片可以更改顺序外, 还有其他方法可供选择。

① 在PowerPoint 2016中打开"素材\第02章\实例026\入职员工培训.pptx"演示文稿, 选择"视图"选项卡, 在"演示文稿视图"选项组中单击"幻灯片浏览"按钮, 如图 2-10 所示。

② 在"幻灯片浏览"视图下, 选择并拖动幻灯片, 根据需要重新调整幻灯片的位置, 确定排列顺序, 如图 2-11 所示。

图 2-10 打开"幻灯片浏览"视图　　　图 2-11 更改幻灯片顺序

技巧拓展

　　除此之外, 还可以使用"剪切"和"粘贴"功能, 更改幻灯片的顺序。

Extra Tip ＞＞＞＞＞＞＞＞＞＞＞

键盘辅助定位对象

问题介绍: 对幻灯片中的对象进行版式设计时, 常会遇到很难用鼠标进行精确定位的情况, 比如小红现需将第2张幻灯片"培训目录"的位置调整至第3张幻灯片"公司简介"位置, 此时可以使用键盘来辅助定位。

① 在PowerPoint 2016中打开"素材\第02章\实例027\入职员工培训.pptx"演示文稿, 在编辑的幻灯片中用鼠标选定操作对象, 如图 2-12 所示。

② 使用键盘上的方向键对选中的文本框对象进行左右平移和上下平移, 直至与目标位置相一致, 如图 2-13 所示。

图 2-12　选中定位对象　　　　　　　图 2-13　键盘辅助定位

技巧拓展

　　使用键盘辅助定位幻灯片时，使用功能键Page Up定位上一张幻灯片，使用功能键Page Down定位下一张幻灯片。用户也可以在左侧导航窗格中，使用方向键来快速定位幻灯片。

Extra Tip ❯ ❯ ❯ ❯ ❯ ❯ ❯ ❯ ❯ ❯ ❯ ❯

实例 028

轻松隐藏部分幻灯片

问题介绍：在进行演示文稿放映时，有时只需要展示其中部分幻灯片的内容，这时候隐藏幻灯片功能有助于实现这个操作需求。下面为大家介绍如何轻松隐藏部分幻灯片。

① 在PowerPoint 2016中打开"素材\第02章\实例028\入职员工培训.pptx"演示文稿，在左侧导航窗格中单击第3张幻灯片并右击，在弹出的快捷菜单中选择"隐藏幻灯片"命令，此幻灯片的序号前则用斜线标记为隐藏状态，即第3张幻灯片已隐藏，如图 2-14所示。

② 选择"幻灯片放映"选项卡，在"开始放映幻灯片"选项组中单击"从头开始"按钮，即可在放映时不显示隐藏的幻灯片，如图 2-15所示。

图 2-14　隐藏幻灯片

技巧拓展

　　选定幻灯片后，直接在"幻灯片放映"选项卡下单击"隐藏幻灯片"按钮，快速隐藏幻灯片。

Extra Tip ❯ ❯ ❯ ❯ ❯ ❯ ❯ ❯ ❯ ❯ ❯ ❯

图 2-15　放映隐藏后的幻灯片

更改幻灯片的方向

问题介绍： 幻灯片默认的编辑和放映方向均为横向，现需要把公司简介做成A5大小的宣传手册，小红需要将原演示文稿方向更改为纵向。下面为大家介绍如何更改幻灯片的方向。

① 在PowerPoint 2016中打开"素材\第02章\实例029\互联网公司简介.pptx"演示文稿，选择"设计"选项卡，单击"幻灯片大小"下拉按钮，选择"自定义幻灯片大小"选项，如图2-16所示。

图2-16 自定义幻灯片大小

② 打开"幻灯片大小"对话框，在"方向"选项区域中选择"纵向"单选按钮，单击"确定"按钮，如图2-17所示。

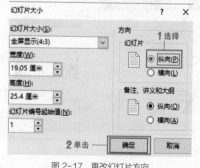

图2-17 更改幻灯片方向

③ 在弹出的"Microsoft PowerPoint"对话框中，根据需要选择"最大化"或者"确保适合"选项，即可更改幻灯片方向，如图2-18所示。

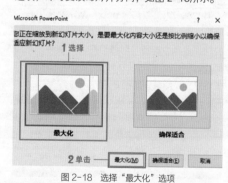

图2-18 选择"最大化"选项

技巧拓展

在对幻灯片的方向进行更改后，演示文稿中的对象会出现一定程度的变形，因此需要进行调整后，再继续进行编辑或输出操作。选择"最大化"选项，可以充分利用可用空间，最大化新布局上的内容大小；选择"确保适合"选项，可以向下进行缩放，以便所有内容适应新布局。

Extra Tip ＞＞＞＞＞＞＞＞＞＞＞

实例 030

变换幻灯片的大小

问题介绍: 在公司电脑上编辑好的演示文稿,在为客户演示时画面的上下方多出两条黑线,小红不知道是哪里出了问题,不同的电脑上放映效果不一样究竟是什么原因?

① 在PowerPoint 2016中打开 "素材\第02章\实例030\互联网公司简介.pptx" 演示文稿,选择 "设计" 选项卡,单击 "幻灯片大小" 按钮,选择 "自定义幻灯片大小" 选项。

② 在打开的 "幻灯片大小" 对话框中,自定义设置 "宽度" 和 "高度" 值,单击 "确定" 按钮,更改幻灯片大小,如图 2-19所示。

③ 或者直接在 "幻灯片大小" 的下拉列表中选择需要的尺寸选项,这里选择 "全屏显示 (16:9)" 选项,如图 2-20所示。

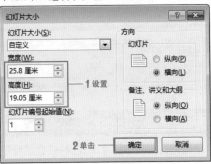

图 2-19　自定义幻灯片大小

图 2-20　全屏显示幻灯片大小

技巧拓展

在放映和编辑演示文稿的过程中,均可以使用Ctrl键辅助以鼠标中键滚动来放大或缩小幻灯片。

Extra Tip>>>>>>>>>>>>

实例 031

快速调整文字大小

问题介绍: 小红在编辑演示文稿时,需要根据幻灯片的所有对象和图形调整文字的大小。下面为大家介绍快速调整文字大小的操作方法。

① 在PowerPoint 2016中打开 "素材\第02章\实例031\互联网公司简介.pptx" 演示文稿,选择第3张幻灯片,选中 "企业文化" 文本框,如图 2-21所示。

② 选择 "开始" 选项卡,单击 A 按钮来快速增大文字,或者单击 A 按钮来快速减小文字,以调整文字大小,如图 2-22所示。

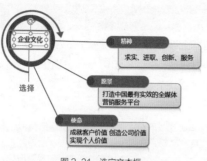

企业文化
选择
精神
求实、进取、创新、服务
愿景
打造中国最有实效的全媒体营销服务平台
使命
成就客户价值 创造公司价值 实现个人价值

图 2-21　选定文本框

1 选择
2 单击
互联网公司简介.pptx - PowerPoint
文件
开始
插入
设计
切换
动画
幻灯片放映
审阅
剪切
复制
格式刷
粘贴
新建幻灯片
版式
重置
节
微软雅黑
28
剪贴板
幻灯片
字体

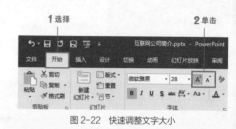

图 2-22　快速调整文字大小

技巧拓展

当然直接设置字体大小也是调整文字大小的办法；用户还可以在选中文字后按Ctrl +]快捷键放大文字，或者按Ctrl + [快捷键缩小文字。

Extra Tip>>>>>>>>>>>>

实例 032　设置文字环绕方式

难度系数：★★★　适用版本：07/10/13/16

问题介绍： 为了设计出图文并茂的幻灯片版式，往往会涉及妥善安排文字和图片版块的位置以及文字环绕图片的要求。下面介绍灵活设置图片文字环绕方式的操作方法。

① 在PowerPoint 2016中打开“素材\第02章\实例032\互联网公司简介.pptx”演示文稿，选择第6张幻灯片，选择“插入”选项卡，单击“图片”按钮，然后在打开的“插入图片”对话框中，选择待插入的图片，单击“插入”按钮，如图 2-23所示。

② 先确定图片的大小和位置，再通过调整文本框的大小、位置并利用Tab键或者空格键移动文字，使文字经过对象边缘，如图 2-24所示。

1 选择
2 单击
插入
新建幻灯片
表格
图片
联机图片
屏幕截图
相册
插入图片
3 选择
autumn_leaves_PNG1.png
文件名(N): autumn_leaves_PNG1.png
4 单击
插入(S)
取消

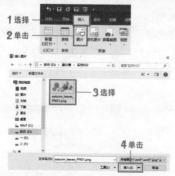

图 2-23　插入图片

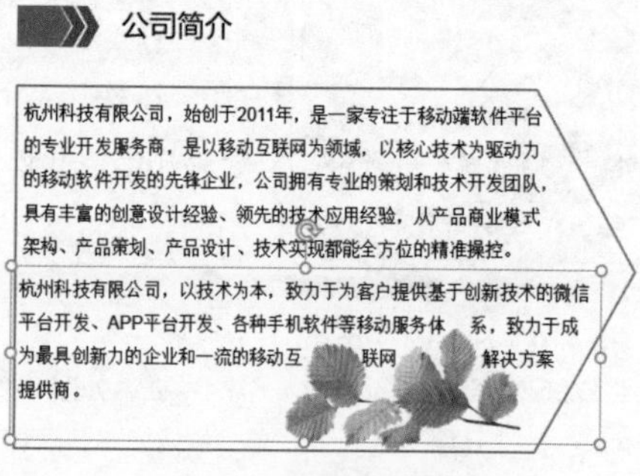

公司简介
杭州科技有限公司，始创于2011年，是一家专注于移动端软件平台的专业开发服务商，是以移动互联网为领域，以核心技术为驱动力的移动软件开发的先锋企业，公司拥有专业的策划和技术开发团队，具有丰富的创意设计经验、领先的技术应用经验，从产品商业模式架构、产品策划、产品设计、技术实现都能全方位的精准操控。
杭州科技有限公司，以技术为本，致力于为客户提供基于创新技术的微信平台开发、APP平台开发、各种手机软件等移动服务体 系，致力于成为最具创新力的企业和一流的移动互 联网 解决方案提供商。

图 2-24　调整文字环绕方式

第 1 章
第 2 章
第 3 章
第 4 章
第 5 章
第 6 章
第 7 章
第 8 章
第 9 章
第 10 章
第 11 章
第 12 章

技巧拓展

PowerPoint 2016中没有直接进行文字环绕方式设置的功能，用户可通过同时调整多个文本框、目标图片以及剪贴画的位置，或使用"置于顶层"或者"置于底层"命令来灵活设置图片文字环绕方式。

Extra Tip ＞ ＞ ＞ ＞ ＞ ＞ ＞ ＞ ＞ ＞ ＞ ＞

为链接文字变换颜色

问题介绍： 为幻灯片中文本对象添加超链接后，小红觉得链接文字的颜色与背景色不匹配。下面为大家介绍为链接文字变换颜色的操作方法。

❶ 在PowerPoint 2016中打开"素材\第02章\实例033\互联网公司简介.pptx"演示文稿，选择第2张幻灯片，在"设计"选项卡下单击"变体"选项组的"其他"按钮，如图 2-25所示。

图 2-25 打开"变体"下拉列表

❷ 选择"颜色"选项，在"颜色"子菜单下选择"自定义颜色"选项，如图 2-26所示。

❸ 在打开的"新建主题颜色"对话框中单击"超链接"下拉按钮，选择与背景相匹配的颜色，如图 2-27所示。

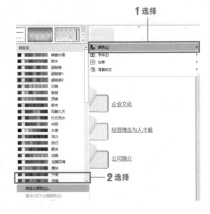

图 2-26 打开"自定义颜色"

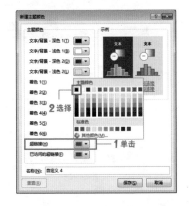

图 2-27 选择"超链接"颜色

④ 重新编辑"名称"为"超链接",单击"保存"按钮,如图 2-28 所示。

图 2-28 保存"超链接"颜色

技巧拓展

除了可以修改文本超链接的颜色,用户还可以在"变体"下拉列表中改变"已访问的超链接"文本颜色。放映时,单击超链接后,原链接颜色则改为设定好的"已访问的超链接"的颜色。

Extra Tip>>>>>>>>>>>>

实例 034 快速插入文本

问题介绍: 在幻灯片中插入文本并进行内容的编辑是 PowerPoint 2016 最基本的文字处理功能。下面为大家介绍快速插入文本的操作方法。

① 在 PowerPoint 2016 中打开"素材\第02章\实例034\入职员工培训.pptx"演示文稿,打开第3张幻灯片,选择"插入"选项卡,在"文本"选项组中单击"文本框"下拉按钮,选择"横排文本框"选项,如图 2-29 所示。

图 2-29 插入横排文本框

② 在演示文稿合适的位置单击并拖动鼠标,绘制大小合适的文本框,文本框绘制好之后释放鼠标,即可快速插入文本框,如图 2-30 所示。

公司简介

图 2-30 拖动鼠标确定文本框大小

第1章

第2章

第3章

第4章

第5章

第6章

第7章

第8章

第9章

第10章

第11章

第12章

技巧拓展

　　用户还可以利用"复制"和"粘贴"操作快速插入文本。在PowerPoint 2016中同时打开"素材\第02章\实例034\入职员工培训.pptx"和"素材\第02章\实例034\互联网公司简介.pptx"演示文稿，选择公司简介文本框，右击并选择"复制"命令，如图2-31所示。然后在"视图"选项卡下单击"切换窗口"下拉按钮，选择"入职员工培训.pptx"选项，选择待插入文本的幻灯片，在幻灯片空白处右击，选择所需的粘贴命令，如图2-32所示，即可快速插入文本并进行再编辑操作。

图 2-31　复制文本

图 2-32　粘贴文本

Extra Tip ＞＞＞＞＞＞＞＞＞＞＞＞

实例 035

在占位符中插入文本

问题介绍： 每次在演示文稿中新建幻灯片后，其中总会包含一个或多个带有虚线边框的矩形，这些虚线就是占位符。下面介绍如何在占位符中插入文本。

① 在PowerPoint 2016中打开"素材\第02章\实例035\互联网公司简介.pptx"演示文稿，在左侧导航窗格中选择任意新建的幻灯片，如图2-33所示。幻灯片中含有上下两个占位符，单击上方占位符的内部，会显示一条闪烁的黑色竖线（此线被称为插入点），然后输入文字内容，即在占位符中插入文本。

② 按下Enter键，可将插入点之后的内容移动到下一行；按下Delete键，可删除插入点右侧的字符。

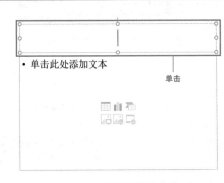

图 2-33　在占位符中插入文本

高效能人士 的 PPT 办公秘技 300 招

第1章
第2章
第3章
第4章
第5章
第6章
第7章
第8章
第9章
第10章
第11章
第12章

实例 036 从外部导入文本

问题介绍： 小红在编辑"入职员工培训.pptx"演示文稿时，需要在演示时能够打开附录《员工手册》文档中的内容，可以通过以下方法直接打开相关文档，选择从外部导入文本。

① 在PowerPoint 2016中打开"素材\第02章\实例036\入职员工培训.pptx"演示文稿，单击第6张幻灯片，选择"插入"选项卡，在"文本"选项组中单击"对象"按钮，如图 2-34所示。

图 2-34　插入对象

② 然在打开的"插入对象"对话框中，选择"由文件创建"单选按钮，单击"浏览"按钮，如图 2-35所示。

图 2-35　打开"浏览"对话框

③ 在打开的"浏览"对话框中，选择"员工手册.doc"文档，单击"确定"按钮，如图 2-36所示。

图 2-36　选择"员工手册.doc"

④ 接着，在"插入对象"对话框中，勾选"显示为图标"复选框，单击"确定"按钮，如图2-37所示。

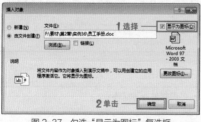

图 2-37　勾选"显示为图标"复选框

⑤ 在第6张幻灯片上添加文档图标，如图 2-38所示，单击即可打开该文档。

图 2-38　导入文本

技巧拓展

如果取消勾选"显示为图标"复选框，则会在幻灯片上出现一个含有部分文档内容的文本框。当然，还可以在"插入对象"时直接"新建"文本进行导入。

Extra Tip > > > > > > > > > > > >

实例 037

特殊符号巧添加

问题介绍： 进行文本编辑时，往往会遇到一些无法直接用键盘输入的特殊符号。下面为大家介绍快捷准确地添加特殊符号。

① 在PowerPoint 2016中打开"素材\第02章\实例037\入职员工培训.pptx"演示文稿，选中第3张幻灯片中的"杭州科技有限公司"文本框，然后选择"插入"选项卡，在"符号"选项组中单击"符号"按钮，如图 2-39所示。

② 在打开的"符号"对话框中，选择有关注册标记的特殊符号®，单击"插入"按钮，如图 2-40所示。

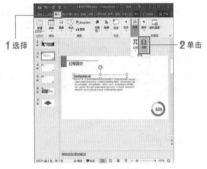

图 2-39　单击"符号"按钮

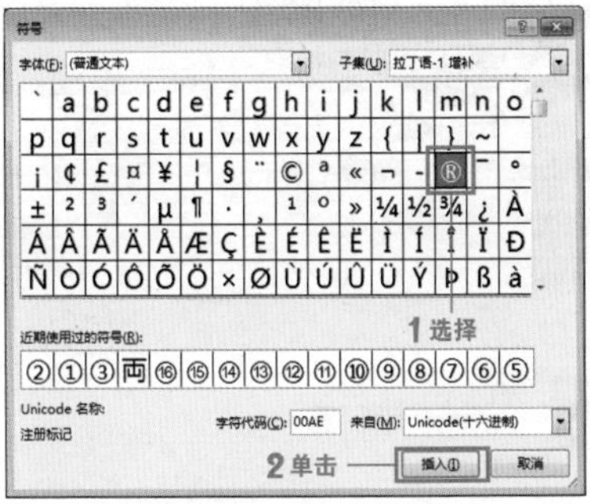

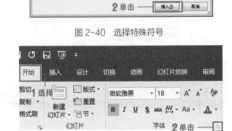

图 2-40　选择特殊符号

③ 接着，选择"开始"选项卡，单击"字体"选项组的对话框启动器按钮，如图 2-41所示。

图 2-41　打开"字体"对话框

④ 接着，在打开的"字体"对话框中勾选"上标"复选框，单击"确定"按钮，如图2-42所示。

⑤ 最后，查看添加为上标的特殊符号®的效果，如图 2-43所示。

图 2-42　勾选"上标"复选框

图 2-43　查看添加特殊符号的效果

技巧拓展

对于在"符号"对话框中找不到的特殊符号，直接在网络上搜索并复制下来，然后粘贴到文本中的相应位置，也可快速添加特殊符号。

Extra Tip》》》》》》》》》》》》

实例 038 快速选择和移动文本

难度系数: ★★★★ 适用版本: 07/10/13/16

问题介绍：进行演示文稿的编辑和排版过程中，文本是作为浮动型对象保存在幻灯片中的，其位置和大小经常需要调整和移动。下面介绍快速选择和移动文本的操作方法。

❶ 在PowerPoint 2016中打开"素材\第02章\实例038\入职员工培训.pptx"演示文稿，选中第3张幻灯片，移动鼠标指针至目标文本框边缘处，待变为十字形状时单击，即可快速选定文本，如图2-44所示。

❷ 用鼠标左键按住文本框并拖至指定位置，即可快速移动文本，如图 2-45所示。

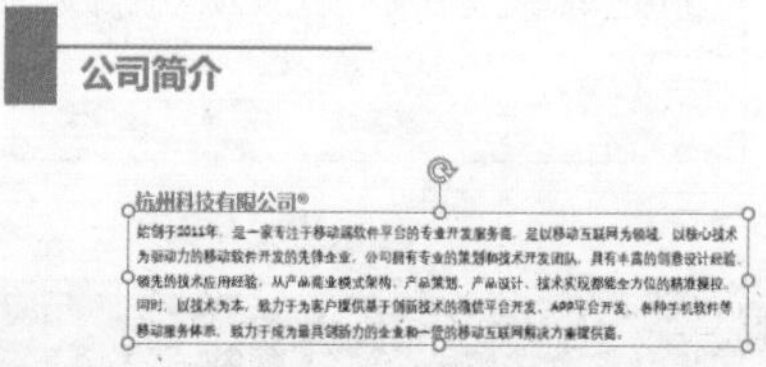

图 2-44　快速选择文本

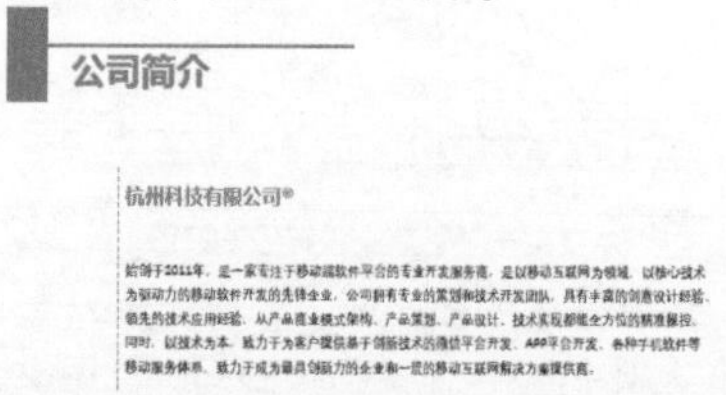

图 2-45　快速移动文本

技巧拓展

选择文本框中部分文字内容时，只需要按住鼠标左键，将鼠标自光标插入点拖动至目标点即可进行选择。要快速移动文本框，还可以在按住Ctrl键的同时辅以方向键进行操作。

Extra Tip》》》》》》》》》》》》

实例 039 快速复制和粘贴文本

难度系数: ★★★★ 适用版本: 07/10/13/16

问题介绍：小红在设计幻灯片的标题时，需要重复用到"目录"页的文本框，如果重新插入文本框并设置其形状格式，往往需耗费不少精力，这时可以使用"复制"和"粘贴"功能。

❶ 在PowerPoint 2016中打开"素材\第02章\实例039\入职员工培训.pptx"演示文稿，选中第2张幻灯片，选择first文本框并右击，在弹出的快捷菜单中选择"复制"命令，如图 2-46所示。

② 选中第3张幻灯片，在其上的空白处右击，在弹出的快捷菜单的"粘贴选项"区域中选择"使用目标主题"选项，然后鼠标按住并拖动first文本框至目标位置，如图2-47所示。

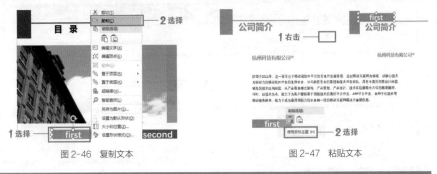

图2-46 复制文本　　　　　　　　　　　　　图2-47 粘贴文本

技巧拓展

在选择粘贴选项时，除了"使用目标主题"外，还可以将选择的文本粘贴为"图片"格式，这样文本图像就固定为不能被修改的显示文本。

Extra Tip ＞＞＞＞＞＞＞＞＞＞＞＞

实例 040

更改文本字体

问题介绍： 在进行字体设置时，不管是中文字体还是西文字体都有很多种字体样式可供选择，在编辑文本内容和调整版面时往往需要对文本字体进行更改，以适应整体演示文稿的风格。

难度系数：★★★
适用版本：07/10/13/16

① 在PowerPoint 2016中打开"素材\第02章\实例040\入职员工培训.pptx"演示文稿，选中第2张幻灯片，将光标移至需要更改字体的文字的位置，按住鼠标左键并拖动鼠标选中目标文字，然后选择"开始"选项卡，单击"字体"选项组的对话框启动器按钮，如图2-48所示。

② 在"字体"对话框中单击"西文字体"右侧下拉按钮，选择"Times New Roman"选项，单击"确定"按钮，即可更改所选文字字体，如图2-49所示。

图2-48 打开"字体"对话框

图2-49 选择字体样式

第1章
第2章
第3章
第4章
第5章
第6章
第7章
第8章
第9章
第10章
第11章
第12章

技巧拓展

如果更改文本框中所有文字的字体，可以直接选中文本框，如图2-50所示，然后在"开始"选项卡下单击"字体"下拉按钮，在下拉列表中选择所需字体样式选项，即可快速更改文本字体。

图 2-50　直接更改字体样式

Extra Tip▶▶▶▶▶▶▶▶▶▶▶

职场小知识

杰亨利法则

简介： 开放、真诚、坦率，零成本助力人际交往和平等沟通。

杰亨利法则是以发明人杰瑟夫·卢夫特和亨利·英格拉姆的名字组合命名。该法则是基于这样的假设——当开放区信息量增加时，人与人之间会更好地相互理解。故，通过揭示和反馈来增加开放区的信息量，通过提高自我揭示的水平和倾听来自他人的反馈这两种方式扩大开放区的范围，可以从中受益。简而言之其核心内容是坚信相互理解。

每个人都是有思想的动物，但是要打开感情的大门并不是轻而易举的事情，而真诚是一种最好的方法。只有以诚相待，开诚布公地面对自己的同学、同事、朋友、父母和老师，才能赢得大家的信任和爱护，也只有这样才能有效地解决自己与他人之间的隔阂、误会。受欢迎的人一定是他们凭借自己的真诚赢得了别人的关爱和体谅，如果你缺少真诚，失信于人，最终只会丢失人心，甚至失去成功的机会。

因此运用杰亨利沟通法则，培养优良的沟通品质——沟通时要真心实意、态度诚恳、不虚伪、不说假话。也就是说，即便有了不同意见，也能及时交换看法，真心真意为对方打算，彼此胸怀坦荡，不存芥蒂，不能为了避免矛盾而说假话。

约翰·奈斯比特指出："未来竞争将是管理的竞争，竞争的焦点在于每个社会组织内部成员之间及其与外部组织的有效沟通之上。"杰亨利法则所揭示的道理正基于此——在企业里，人际沟通不可避免，沟通问题应运而生，开放、真诚、坦率是人际关系中的重要元素。

Chapter 3

第3章

PPT 文稿 格式设置

上一章已经对演示文稿内容编辑的基础操作进行了详细说明，在信息的传达上已经跨出了第一步。但是一张精美巧妙的幻灯片还需要设置合适的文稿格式，以辅助信息传达的饱和度和完整性。在进行信息传达时，没有进行修饰的纯文本是缺乏视觉吸引力的，而PowerPoint 2016已经为文稿格式设置提供了丰富的设计版式，如何充分利用这些工具为制作的演示文稿增色，成了亟待解决的问题。

本章主要介绍PPT文稿格式的设置，包括调节文字的大小、颜色、方向、间距，调整文本的对齐方式、填充颜色，以及艺术字设置等使用频率较高的操作，难度适中，有助于用户及时学习和操练，提高演示文稿制作能力。

实例 041

格式刷的大用处

问题介绍： 要想对多个文本框应用相同的格式，可以先设置一个一个文本框的格式，然后使用"格式刷"工具进行设置。下面将为大家介绍使用格式刷进行文本格式统一设置的方法。

难度系数：★★★ 适用版本：07/10/13/16

❶ 在 PowerPoint 2016 中打开"素材\第03章\实例041\企业招聘.pptx"演示文稿，在左侧导航窗格中选择第3张幻灯片，选中下方目录中1文本，如图 3-1 所示。

❷ 选择"开始"选项卡，单击"格式刷"按钮，如图 3-2 所示。

❸ 将格式刷移至下方目录中2文本处，选择待调整的文字，进行格式的统一设置，如图 3-3 所示。

图 3-1　选中要复制格式的文字

图 3-3　使用格式刷复制格式

图 3-2　单击"格式刷"按钮

技巧拓展

　　双击"格式刷"按钮，可以连续设置多个对象，进行多个对象格式的统一设置。

Extra Tip ＞＞＞＞＞＞＞＞＞＞＞＞

实例 042

快速调整字号大小

问题介绍： 对文本字号进行调整，可以对演示文稿中的标题、正文以及附件材料进行区分。如果文字太小，对于演示厅后排以及视力不好的观众相当不方便，下面介绍调整文本字号大小的方法。

难度系数：★★★ 适用版本：07/10/13/16

❶ 在 PowerPoint 2016 中打开"素材\第03章\实例042\企业招聘.pptx"演示文稿，在左侧导航窗格中选中第1张幻灯片，然后选中"有限公司"文本，如图 3-4 所示。

❷ 直接在出现的浮动工具栏中，单击"字号"下拉按钮，在下拉列表中选择合适的字号选项，即可快速调整字号大小，如图 3-5 所示。

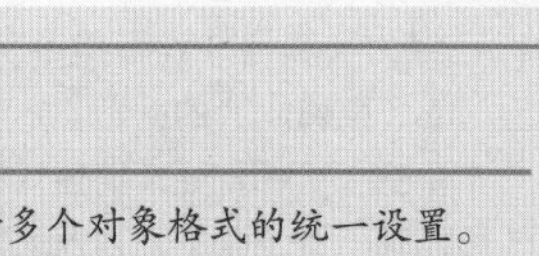

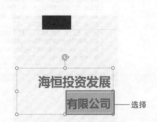

图 3-4　选中文字

图 3-5 调整字号大小

实例 043 调整字符间距

问题介绍：字符间距在字体排版领域指的是字符之间的空隙，设置字符间距是进行文本排版的一个重要内容。小红在设置字体格式时，突然发现字体间距变得非常小，该怎么设置？

❶ 在PowerPoint 2016中打开"素材\第03章\实例043\企业招聘.pptx"演示文稿，在左侧导航窗格中选中第1张幻灯片，按住鼠标左键选中待调整的"海恒投资发展有限公司"文本，如图 3-6所示。

❷ 右击选中的文字，在弹出的快捷菜单中选择"字体"命令，如图 3-7所示。

❸ 在打开的"字体"对话框中单击"字符间距"选项卡，在"间距"右侧的下拉列表中选择"加宽"选项，将"度量值"设置为3磅，单击"确定"按钮，如图 3-8所示。

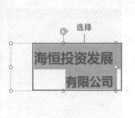

图 3-6 选中文字

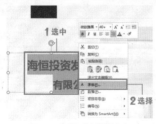

图 3-7 选择"字体"命令

图 3-8 调整字符间距

为文本设置不同的颜色

问题介绍： 使用文本框输入文字后，用户可以对字体的颜色进行调整，从而与演示文稿整体色调相协调。下面为大家介绍如何为文本设置不同的颜色。

实例 044

① 在PowerPoint 2016中打开"素材\第03章\实例044\企业招聘.pptx"演示文稿，在左侧导航窗格中选中第1张幻灯片，然后选择目标文字"海恒投资发展有限公司"，如图 3-9所示。

② 选择"开始"选项卡，在"字体"选项组中单击▲·下拉按钮，在"主题颜色"选项区域中选择合适的文字颜色，即可为文本设置所需的颜色，如图 3-10所示。

图 3-9　选中目标文字

图 3-10　设置文本颜色

技巧拓展

用户也可选中需更改颜色的文字并右击，在弹出的快捷菜单中选择"字体"命令，如图 3-11所示。打开"字体"对话框，在"字体颜色"下拉列表中选择合适的颜色，最后单击"确定"按钮，如图 3-12所示。

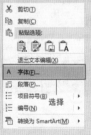

图 3-11　选择"字体"命令

图 3-12　选择文本颜色

Extra Tip〉〉〉〉〉〉〉〉〉〉〉〉

更改文字方向

问题介绍： 系统默认的文字排版方式为横向排列，即平常印刷中常见的字体排版方向，而在一些特殊情况下，若对文字的方向有其他类型的要求，需要更改文字的方向。

实例 045

① 在PowerPoint 2016中打开“素材\第03章\实例045\企业招聘.pptx”演示文稿，在左侧导航窗格中选中第4张幻灯片，选择待更改方向的文字，如图 3-13所示。

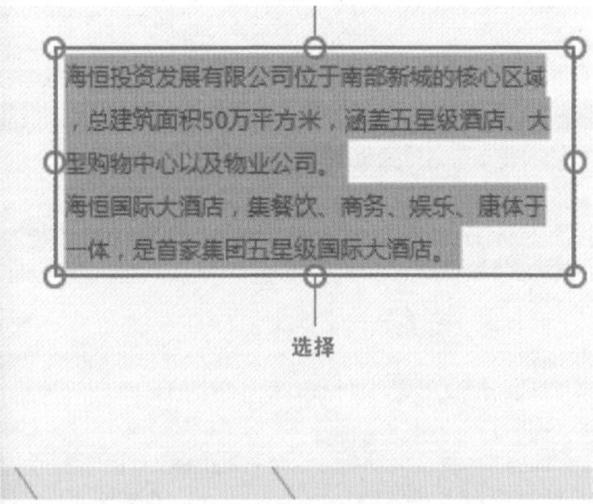

海恒投资发展有限公司位于南部新城的核心区域，总建筑面积50万平方米，涵盖五星级酒店、大型购物中心以及物业公司。
海恒国际大酒店，集餐饮、商务、娱乐、康体于一体，是首家集团五星级国际大酒店。
选择

图 3-13　选择文字

② 选择“开始”选项卡，在“段落”选项组中单击“文字方向”右侧的下拉按钮，将光标移至“竖排”选项处，预览更改后的文字方向布局，最后选择“竖排”选项，即可为文本更改方向，如图 3-14所示。

1 选择
2 单击
3 选择

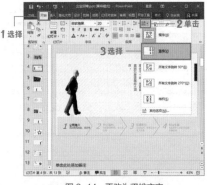

图 3-14　更改为竖排文字

技巧拓展

a.选中文本框并右击，在弹出的快捷菜单中选择“设置形状格式”命令，如图3-15所示。

b.在演示文稿右侧将打开“设置形状格式”导航窗格。

c.在“形状选项”选项卡下单击按钮，展开“文本框”选项区域，单击“文字方向”右侧的下拉按钮，选择“竖排”选项，如图3-16所示。

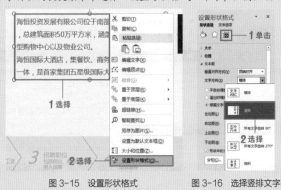

1 选择
2 选择
设置形状格式(O)...

图 3-15　设置形状格式

设置形状格式
1 单击
2 选择

图 3-16　选择竖排文字

Extra Tip>>>>>>>>>>>>

实例 046

难度系数：★★★

适用版本：07/10/13/16

为文本设置对齐方式

问题介绍：小红对幻灯片的文本内容进行修饰时，发现文字的对齐方式有些杂乱无章。下面将介绍为文本重新设置对齐方式，调整文字排版布局的操作方法。

① 在PowerPoint 2016中打开"素材\第03章\实例046\企业招聘.pptx"演示文稿，在左侧导航窗格中选中第7张幻灯片，选择待更改对齐方式的文字，如图3-17所示。

② 选择"开始"选项卡，在"段落"选项组中单击 按钮，如图3-18所示。

图3-17 选择文字　　　　　图3-18 单击对话框启动器按钮

③ 在打开的"段落"对话框中选择"缩进和间距"选项卡，在"对齐方式"下拉列表中选择"右对齐"选项，单击"确定"按钮，如图3-19所示。

图3-19 更改对齐方式

技巧拓展

选中需要更改对齐方式的文字后，选择"开始"选项卡，在"段落"选项组中单击 按钮，如图3-20所示。或者按下快捷键Ctrl＋R，将文字更改为右对齐。

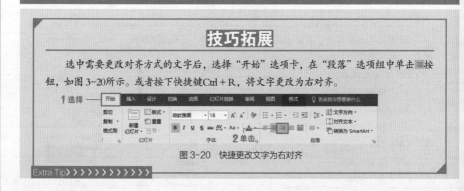

图3-20 快捷更改文字为右对齐

Extra Tip> > > > > > > > > > > >

实例 047

设置段落行间距

问题介绍：段落中每一行文字之间的间距称为段落行距。小红在对幻灯片的文本进行修饰时，发现一些段落文本之间排布得过于疏松，影响整体视觉效果。

① 在PowerPoint 2016中打开"素材\第03章\实例047\入职员工培训.pptx"演示文稿，在左侧导航窗格中选择第1张幻灯片，选择待调整间距的段落文字并右击，在弹出的快捷菜单中选择"段落"命令，如图3-21所示。

② 在打开的"段落"对话框中，手动输入间距值（或者通过右侧的微调按钮增减数值）设置"段前"为"10磅"，"段后"为"5磅"，在"行距"右侧的下拉列表中选择"1.5倍行距"选项，单击"确定"按钮，如图 3-22所示。

图 3-21　选择"段落"命令

图 3-22　设置行间距

技巧拓展

设置段落文本的行距多用来调整段落内文本间的垂直间距，而段落间距是指段落之间的垂直间距，用来区分各段落。用户也可以选择"开始"选项卡，在"段落"选项组中单击 按钮，在打开的"段落"对话框中进行设置。

Extra Tip > > > > > > > > > > > > >

实例 048

为文本添加分栏效果

问题介绍： 文字排版的显著效果表现在使得幻灯片页面的重点内容更容易被识别、被理解，其中分栏效果是必不可少的一种。下面为大家介绍如何为文本添加分栏效果。

① 在PowerPoint 2016中打开"素材\第03章\实例048\入职员工培训.pptx"演示文稿，在左侧导航窗格中选择第6张幻灯片，然后选择待添加分栏效果的段落文字，如图3-23所示。

② 选择"开始"选项卡，在"段落"选项组中单击 下拉按钮，选择"更多栏"选项，在打开的"分栏"对话框中进行设置，如图3-24所示。

图 3-23　选择段落文字

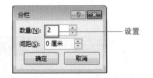

图 3-24　设置分栏数量

技巧拓展

用户除了可在"添加或删除栏"下拉列表中选择"更多栏"选项，在"分栏"对话框中设置分栏的"数量"和"间距"外，还可以直接选择"一栏"、"两栏"、"三栏"选项进行分栏设置。

Extra Tip >>>>>>>>>>>>>

实例 049

为文本设置段落级别

难度系数：★★★
适用版本：07/10/13/16

问题介绍： 设置文本的段落级别，不仅可以对标题与正文内容进行明显区分，还可以对所有的文本内容进行段落级别的设置，有助于简洁明了地呈现幻灯片的表达重点。

❶ 在PowerPoint 2016中打开"素材\第03章\实例049\入职员工培训.pptx"演示文稿，在左侧导航窗格中选择第6张幻灯片，选中"入职培训内容"文本，如图3-25所示。

❷ 选择"开始"选项卡，在"段落"选项组中单击"提高列表级别"按钮，将文本标题设置为高于正文的缩进级别。

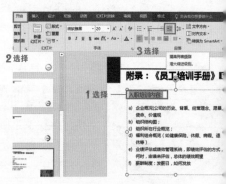

图 3-25　设置文本段落级别

技巧拓展

当文字的段落级别不符合内容要求时，也可以设置降低列表级别。

a.段落级别的设置经常用于幻灯片母版上，选择"视图"选项卡，在"母版视图"选项组中单击"幻灯片母版"按钮，如图3-26所示。

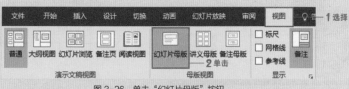

图 3-26　单击"幻灯片母版"按钮

b.在打开的"幻灯片母版"视图下，选中左侧导航窗格中的第1张母版幻灯片，如图 3-27所示。

c.在工作区选中"第二级"文本，在"开始"选项卡的"段落"选项组中单击"提高列表级别"按钮，"第二级"内容提高成第三级段落级别，如图 3-28所示。

图 3-27　选中第1张母版幻灯片

图 3-28　提高段落级别

Extra Tip》》》》》》》》》》》

实例 050

设置项目符号与编号样式

问题介绍： 在进行文本编辑的过程中，如果每一条内容都手动插入项目符号和编号，不仅速度慢，操作起来也非常麻烦。下面为大家介绍如何快速为文本设置项目符号与编号样式。

① 在PowerPoint 2016中打开"素材\第03章\实例050\入职员工培训.pptx"演示文稿，在左侧导航窗格中选中第6张幻灯片，然后选择需要设置项目符号的段落文字。

② 选择"开始"选项卡，在"段落"选项组中单击下拉按钮，选择"项目符号和编号"选项，如图 3-29所示。

③ 在打开的"项目符号和编号"对话框中选择"项目符号"选项卡，在默认列表中选择需要的项目符号样式，然后对其"大小"和"颜色"进行设置，设置完成后单击"确定"按钮，如图 3-30所示。

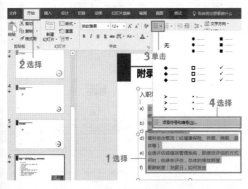
图 3-29　选择段落文字

图 3-30　设置项目符号的颜色和大小

④ 要设置编号样式，则选择"编号"选项卡，在默认列表中选择需要的编号样式，对编号的"大小"和"颜色"进行设置后，单击"确定"按钮，如图3-31所示。

图3-31 设置编号的颜色和大小

技巧拓展

除了使用默认的项目符号外，用户还可以自定义项目符号样式，具体方法如下。

a.在"项目符号和编号"对话框中选择"项目符号"选项卡，单击"自定义"按钮，在打开的"符号"对话框中选择需要的符号，如图3-32和图3-33所示。

b.用户还可以在"项目符号"选项卡下单击"图片"按钮，在弹出的"插入图片"面板中单击"来自文件"选项右侧的"浏览"按钮，在打开的"插入图片"对话框中选择合适的图片作为项目符号，单击"插入"按钮，如图3-34 3-35所示。

设置多样化的项目符号，可以为幻灯片效果增添丰富度和艺术效果。

图3-32 设置自定义项目符号

图3-33 选择特殊符号

图3-34 单击"浏览"链接按钮

图3-35 插入图片

第 1 章
第 2 章
第 3 章
第 4 章
第 5 章
第 6 章
第 7 章
第 8 章
第 9 章
第 10 章
第 11 章
第 12 章

实例 051

更改大小写 07/10/13/16

更改英文首字母大小写格式

问题介绍：在演示文稿中进行英文编辑时，小红经常需要对英文大小写进行转换或设置首字母为大写。PPT为我们提供英文大小写一键转换的快捷功能，下面介绍具体操作方法。

❶ 选择需要修改的英文文本，单击"字体"选项组中的"更改大小写"按钮，如图3-36所示。

❷ 在展开的下拉列表中选择"句首字母大写"选项，即可转换所选文本中每个首字母为大写，得到最终效果如图3-37所示。

图 3-36　单击"更改大小写"按钮

图 3-37　查看转换后的效果

技巧拓展

用户还可以选择需要修改的文本，按下Shift + F3组合键，快速对所选文本进行"全部小写""全部大写"和"每个单词首字母大写"的切换。

Extra Tip ＞ ＞ ＞ ＞ ＞ ＞ ＞ ＞ ＞ ＞ ＞ ＞ ＞

实例 052

适用版本 07/10/13/16

为演示文稿添加批注

问题介绍：小红在审查他人的演示文稿时，想利用批注功能提出自己的修改意见，可是她不知道应该怎么操作。下面为大家介绍在演示文稿中添加批注的操作方法，具体如下。

高效能人士 的 PPT 办公秘技 300 招

第1章
第2章
第3章
第4章
第5章
第6章
第7章
第8章
第9章
第10章
第11章
第12章

① 打开素材文件后，切换至"审阅"选项卡，单击"批注"选项组中的"显示批注"下拉按钮，如图3-38所示。

② 在弹出的下拉列表中选择"批注窗格"选项，如图3-39所示。

图 3-38 单击"显示批注"下拉按钮

图 3-39 选择"批注窗格"选项

③ 在打开的"批注"导航窗格中，单击"新建"按钮，如图3-40所示。

④ 即可新建一个批注文本框，根据需要输入相应的批注内容后，关闭"批注"导航窗格，完成批注的添加操作，如图3-41所示。

图 3-40 打开"批注"导航窗格

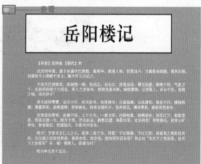

图 3-41 查看效果

技巧拓展

在批注文本框中输入相应的批注内容后，下方将会出现"答复"文本框，其他编辑该幻灯片的用户可以在答复文本框中进行回复。

Extra Tip ＞＞＞＞＞＞＞＞＞＞＞＞＞

实例 053

难度系数：★★★
适用版本：07/10/13/16

为幻灯片插入艺术字

问题介绍：艺术字通常用在报头、广告、请束及文档标题等特殊位置，在演示文稿中一般用于制作幻灯片标题。下面介绍制作符合文字含义、美观且具有显著特点艺术字的操作方法。

① 在PowerPoint 2016中打开"素材\第03章\实例053\企业招聘.pptx"演示文稿，在左侧导航窗格中选择第2张幻灯片。

② 然后选择"插入"选项卡，在"文本"选项组中单击"艺术字"下拉按钮，在下拉列表中选择合适的字体样式选项，如图3-42所示。

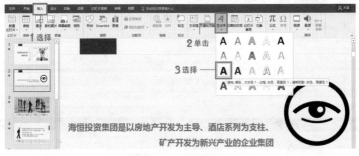

图3-42 选择字体样式

③ 接着，在出现的艺术字文本框中输入"集团简介"文本，然后选择"绘图工具—格式"选项卡，在"艺术字样式"选项组中单击"文本效果"右侧的下拉按钮，选择"阴影"选项，在子列表中选择一种透视阴影效果，得到目标艺术字标题，如图3-43所示。

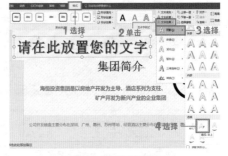

图3-43 选择阴影效果选项

技巧拓展

"艺术字"样式的设置还可以通过单击"绘图工具—格式"选项卡下"艺术字样式"选项组的对话框启动器按钮，在打开的"设置形状格式"导航窗格中进行多种艺术样式的设置，如图3-44所示。其中包括"文字效果"中的"阴影""映像""发光"等设置。

图3-44 设置艺术字样式

实例 054

快速应用艺术字样式

问题介绍： 小红创建标题的艺术字后，由于正文内容字体的调整，现需要修改艺术字样式。下面为大家介绍如何快速应用艺术字样式。

① 在PowerPoint 2016中打开"素材\第03章\实例054\企业招聘.pptx"演示文稿，在左侧导航窗格中选择第2张幻灯片，选择艺术字文本框，如图3-45所示。

② 选择"绘图工具—格式"选项卡，在"艺术字样式"选项组中选择应用艺术字的样式，如图3-46所示。

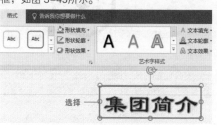

图 3-45　选择艺术字文本框

图 3-46　应用艺术字

技巧拓展

　　如果用户最终决定不使用艺术字样式，则可以选择"清除艺术字"选项，删除应用的艺术字效果，如图3-47所示。

Extra Tip ＞＞＞＞＞＞＞＞＞＞＞＞

图 3-47　清除艺术字效果

实例 055

让艺术字倾斜一点

问题介绍： 规整的艺术字给人以四平八稳的艺术效果，稍微让艺术字倾斜一点会使整体的视觉效果更具有动感。下面介绍如何调整艺术字使其产生倾斜效果的操作方法。

① 在PowerPoint 2016中打开"素材\第03章\实例055\企业招聘.pptx"演示文稿，在左侧导航窗格中单击第2张幻灯片，选择艺术字文本框。

② 选择"开始"选项卡，在"字体"选项组中单击 *I* 按钮，如图3-48所示。

图 3-48　设置倾斜艺术字效果

技巧拓展

用户也可以使用快捷键Ctrl + I，快速设置艺术字的倾斜效果，如图3-49所示。

图 3-49　快捷键设置艺术字倾斜效果

Extra Tip▶▶▶▶▶▶▶▶▶▶▶▶

实例 056　让艺术字更立体

问题介绍：在演示文稿中添加艺术字后，小红想让艺术字显示出立体感，可是不知道该怎么操作，下面将详细介绍操作步骤。

❶ 打开素材文件，选择艺术字对象，在"绘图工具—格式"选项卡下"艺术字样式"选项组中单击"文本效果"右侧的下拉按钮，如图3-50所示。

❷ 在展开的下拉列表中选择"棱台"选项，在其子列表中选择"凸起"棱台效果选项，即可完成艺术字立体效果的添加，如图3-51所示。

图 3-50　单击"文本效果"下拉按钮

图 3-51　选择"凸起"棱台效果选项

技巧拓展

在插入文本框时，一般选择"横排"文本框，但是在编辑诗歌等内容或为了匹配图片背景时，也可选择"竖排文本框"选项。此外，用户还可以在放映幻灯片时添加文本，具体操作如下。

　　a.单击"文件"标签，选择"选项"选项，打开"PowerPoint选项"对话框，选择"自定义功能区"选项，在"主选项卡"下拉列表框中勾选"开发工具"复选框，如图 3-52 所示。

　　b.在新增的"开发工具"选项卡中单击囲按钮，然后按住鼠标左键并拖动，在需要输入文本的幻灯片上添加文本框控件，如图 3-53 所示。最后放映幻灯片，即可实现放映幻灯片状态下文本的添加，如图 3-54 所示。

图 3-52　勾选"开发工具"复选框

图 3-53　添加文本框控件

图 3-54　放映时输入文本

Extra Tip〉〉〉〉〉〉〉〉〉〉〉〉

实例 057

为文本框设置填充颜色

问题介绍： 文本框既承担文字录入的功能，又兼具展示对象的作用。为文本框设置背景填充颜色，可以突显出文字内容，增添画面的吸引力，下面介绍具体操作方法。

① 在PowerPoint 2016中打开"素材\第03章\实例057\入职员工培训.pptx"演示文稿，在左侧导航窗格中单击第2张幻灯片，选择first文本框，如图 3-55 所示。

② 选择"绘图工具—格式"选项卡，单击"形状填充"下拉按钮，在"主题颜色"选项区域中选择合适的颜色，即可为文本框填充选择的颜色，如图 3-56 所示。

图 3-55　选择文本框

图 3-56　为文本框填充颜色

技巧拓展

选择first文本框后，也可以单击鼠标右键，在弹出的快捷菜单中单击"填充"按钮，在"主题颜色"选项区域中选择合适的填充颜色，如图 3-57所示。

图 3-57 快捷填充

Extra Tip >>>>>>>>>>>>

实例 058

为文本框设置轮廓效果

问题介绍： 在进行演示文稿版面设计时，设置文本框的轮廓效果除了与文本框填充设置一样具有增加画面灵动性的效果外，还兼具分割整体和联系部分的重要功能。

难度系数：★
适用版本：07/10/13/16

① 在PowerPoint 2016中打开"素材\第03章\实例058\入职员工培训.pptx"演示文稿，在左侧导航窗格中单击第4张幻灯片，选择要设置效果的文本框，如图 3-58所示。

② 然后，选择"绘图工具—格式"选项卡，在"形状样式"选项组中单击"形状轮廓"下拉按钮，在"主题颜色"选项区域中选择合适的颜色，接着重新单击"形状轮廓"下拉按钮，在"虚线"子列表中选择"长划线-点-点"线条轮廓样式选项，如图 3-59所示。

图 3-58 选择文本框

图 3-59 设置文本框轮廓样式

技巧拓展

只有在设置好文本框轮廓的颜色后（除无色，即无轮廓），才能继续进行线型粗细以及虚实线型的设置。

Extra Tip >>>>>>>>>>>>

实例059 为文本框设置自动换行功能

难度系数：★★ 适用版本：07/10/13/16

问题介绍： 在文本框或者占位符中输入大段文本时，每次都需要按下Enter键进行手动换行操作，明显降低了工作效率。那么，如何对文本框设置自动换行呢？

① 在PowerPoint 2016中打开“素材\第03章\实例059\入职员工培训.pptx”演示文稿，在左侧导航窗格中单击第4张幻灯片，选择所需文本框并右击，在弹出的快捷菜单中选择“设置形状格式”命令，如图3-60所示。

② 打开“设置形状格式”导航窗格，在“形状选项”选项卡下单击“大小与属性”按钮，展开“文本框”折叠按钮，勾选“形状中的文字自动换行”复选框，如图3-61所示。

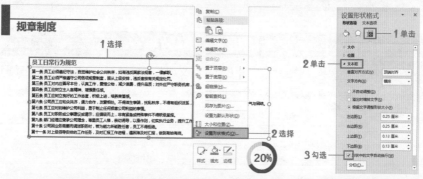

图3-60 选择“设置形状格式”命令

图3-61 设置自动换行

技巧拓展

除了通过启用自动换行功能外，用户还可以通过调整文本框的大小来进行文本自动换行操作，如图3-62所示。

图3-62 调整文本框大小换行

Extra Tip

实例060 设置文本加粗显示

难度系数：★ 适用版本：07/10/13/16

问题介绍： 在演示文稿中输入文本内容后，小红想让重要的文本突出显示，可是不知道该怎么操作。下面介绍以设置文本加粗显示来突出显示演示文稿中重点内容的操作方法，具体如下。

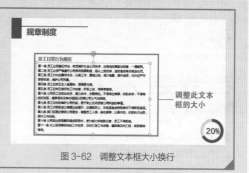

① 打开素材文件，选择需要加粗显示的文本，如图3-63所示。

② 在"开始"选项卡下的"字体"选项组中单击"加粗"按钮，即可完成文本的加粗操作，如图3-64所示。

图 3-63 选择需要加粗显示的文本

图 3-64 单击"加粗"按钮

技巧拓展

在编辑文本对象时，用户除了可以对文本对象进行加粗来凸显外，还可以为文本对象添加阴影效果。

a.选择需要添加阴影效果的文本对象，在"字体"选项组中单击"文字阴影"按钮，如图3-65所示。

b.即可查看为所需文本添加阴影的效果。

图 3-65 为文本添加阴影效果

Extra Tip > > > > > > > > > > >

职场小知识

沟通的位差效应

简介：没有相互尊重就没有真正的沟通。

关于PPT的实用技能已经介绍了不少，相信用户也一定感受到PPT设计与制作对于沟通的便捷之处。而演示PPT作为使用PPT的最后一步，也是相当关键的一步，随之营造的沟通氛围也是人们在平时的工作与生活中需要注意和学习的部分。良好的沟通是基于相互信任、相互平等的基础，善于利用沟通的位差效应有助于使沟通达到事半功倍的效果。俗话说"美言一句三冬暖，恶语伤人六月寒"。尊重对方是进行成功谈话的前提条件。很多人侃侃而谈，以为自己很会交流，其实他们只顾着表达自己的意见，并没有考虑到他人的感受，这样的交流不算成功的沟通。

什么叫沟通的位差效应？

这是美国加利福尼亚州立大学对企业内部沟通进行研究后得出的重要成果。他们发现，来自领导层的信息只有20%~25%被下级知道并正确理解，从下到上反馈的信息则不超过10%，而平行交流的效率则可达到90%以上。

所有这些提到的现象都与沟通交流过程中出现的上位心理和下位心理有关。由于地位的不同使得人形成了上位心理与下位心理，具有上位心理的人因处在比别人高的层次而有某种优势感，具有下位心理的人因处在比别人低的层次而有某种自卑感；一个有上位心理者的自我感觉能力等于他的实际能力加上上位助力，而一个有下位心理者的自我感觉能力等于他的实际能力减去下位减力。我们在实际工作和交往中也常有这样的体验，在一个比自己地位高或威望大的人面前往往会表现失常，事前想好的一切常在手足无措中乱了套，以致出现许多尴尬的场面。

这样的心理效应启示我们，在对上传达信息时，我们应在尊重对方的前提下，保持平和似与朋友交谈的心理，去充分表达。而在对下发布消息时，尽可能实现平等交流。特别是注意在平时的非工作时间，注重民主、平易近人，谦虚谨慎，不耻下问，出现错误主动自我批评和承担责任，从而使得上下沟通顺畅，形成高效有序、轻松愉悦的工作软环境。

Chapter 4

第4章

PPT 的
特殊字体与图形

俗话说，字是门楼书是屋。演示文稿的字体和图形设置是表现PPT作品必不可少的操作。我们每天都在与字体和图形打交道，字体是具有特殊应用效果的文字设计，比如楷体，即通用的手写体，多用于正文、教科书、注释等场合；图形既可以是SmartArt图形，也可以是绘制的自选图形。只要字体和图形运用得当，将有利于充分表现作品的思想。

本章主要介绍PPT软件的字体与图形设置技能，其中包括制作漂浮字、镂空字、三维文字、发光字、图案填充字，为文字添加倒影和彩色特效，创建SmartArt图形、文本，应用SmartArt样式，修改剪贴画，以及对图片进行更新等操作。本章内容难度适中，但是相当考验用户对字体和图形的美学理解。

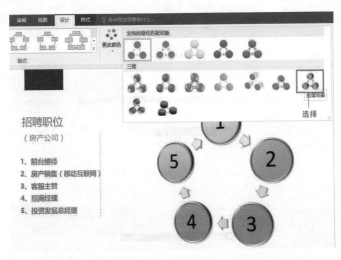

实例 061

制作飘浮字效果

问题介绍: 按照排版设计要求对文字字体样式进行设置时, 与普通文字样式的扁平化效果不同, 飘浮字具有明显的外阴影效果。小红想尝试在字体外侧设置阴影, 制作飘浮字主题文本效果, 该怎么操作呢?

① 在PowerPoint 2016中打开"素材\第04章\实例061\团队培训.pptx"演示文稿, 在左侧导航窗格中选择第1张幻灯片, 选择需要设置效果的文本框, 如图4-1所示。

图 4-1 选择艺术字文本框

② 选择"绘图工具—格式"选项卡, 在"艺术字样式"选项组中单击"文本效果"下拉按钮, 在展开的下拉列表中选择"阴影"选项, 然后在子列表中选择"偏移: 右上"选项, 如图 4-2所示。

图 4-2 制作漂浮字

技巧拓展

选中艺术字后, 还可以通过参数设置制作飘浮字效果, 操作如下。

a.选择"绘图工具—格式"选项卡, 在"艺术字样式"选项组中单击"文本效果"下拉按钮, 选择"阴影"选项, 在子列表中选择"阴影选项"选项, 如图4-3所示。

b.然后对颜色、透明度、距离等参数进行设置, 如图 4-4所示。

图 4-3 选择"阴影选项"选项   图 4-4 设置阴影距离

c.最后显示飘浮字的效果，如图 4-5所示（上图"距离"值为30磅，下图"距离"值为10磅）。

图 4-5　飘浮字效果

实例 062　制作镂空字效果

问题介绍：小红在查看艺术字的设置效果时，发现艺术字的飘浮效果与演示文稿整体表达的庄重感不符合，于是想更换为镂空字效果。

1 在PowerPoint 2016中打开"素材\第04章\实例062\团队培训.pptx"演示文稿，在左侧导航窗格中选择第4张幻灯片，先选中幻灯片背景图片，再选择待添加镂空字效果的文本框。选择"绘图工具—格式"选项卡，在"插入形状"选项组中单击"合并形状"下拉按钮，在展开的下拉列表中选择"剪除"选项，如图 4-6所示。

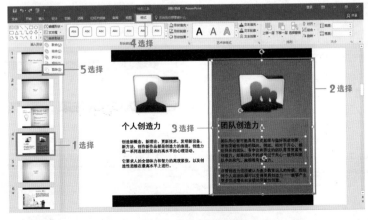

图 4-6　选择"剪除"选项

② 完成操作后，原本浮于图像表面的文字，以镂空的形式和图像组合在一起，并可以随图像移动，如图4-7所示。镂空字相当于在图像上掏出了文字形状的空白，并且这些“空白”会随着背景的变化而变化，方便应用于任何背景，如图4-8所示。

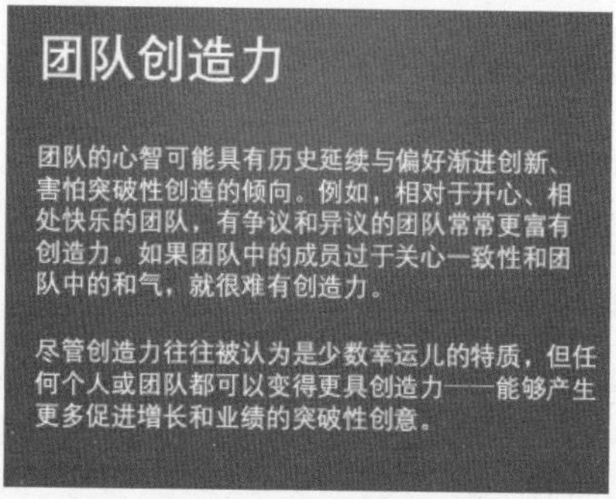
团队创造力
团队的心智可能具有历史延续与偏好渐进创新、害怕突破性创造的倾向。例如，相对于开心、相处快乐的团队，有争议和异议的团队常常更富有创造力。如果团队中的成员过于关心一致性和团队中的和气，就很难有创造力。
尽管创造力往往被认为是少数幸运儿的特质，但任何个人或团队都可以变得更具创造力——能够产生更多促进增长和业绩的突破性创意。

图 4-7　镂空字效果

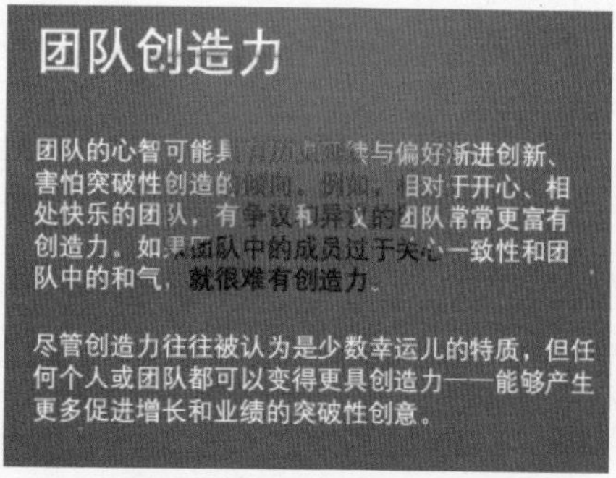
团队创造力
团队的心智可能具有历史延续与偏好渐进创新、害怕突破性创造的倾向。例如，相对于开心、相处快乐的团队，有争议和异议的团队常常更富有创造力。如果团队中的成员过于关心一致性和团队中的和气，就很难有创造力。
尽管创造力往往被认为是少数幸运儿的特质，但任何个人或团队都可以变得更具创造力——能够产生更多促进增长和业绩的突破性创意。

图 4-8　添加背景后镂空字效果

技巧拓展

添加“阴影”效果为使用艺术字时常用的修饰操作，除了如飘浮字效果的外部阴影以及镂空字的内部阴影效果外，还包括“透视”阴影，应用这些阴影效果可以增强艺术字的立体感。

Extra Tip> > > > > > > > > > > > >

实例 063　制作文字倒影效果

难度系数：★★　适用版本：07/10/13/16

问题介绍：使用艺术字可以极大地丰富文字的美观性，使得文本看上去没有那么生硬，增加阅读者的观赏欲望。下面介绍为文字应用倒影效果的操作方法，具体如下。

① 在PowerPoint 2016中打开“素材\第04章\实例063\团队培训.pptx”演示文稿，在左侧导航窗格中选择第1张幻灯片，选择待添加文字倒影效果的文本框。

② 选择“绘图工具—格式”选项卡，在“艺术字样式”选项组中单击“文本效果”下拉按钮，在展开的下拉列表中选择“映像”选项，然后在子列表中选择“映像选项”选项，如图4-9所示。

2选择
3单击
1选择
4选择
5选择
Design a Group Creativit
-打造团队的创造力-

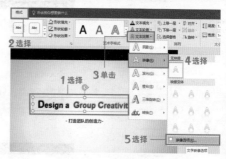

图 4-9　制作文字倒影

❸ 在打开的"设置形状格式"导航窗格的"映像"选项区域中，单击"预设"右侧的下拉按钮，在"映像变体"区域中选择"半映像：4磅 偏移量"选项，如图 4-10 所示。

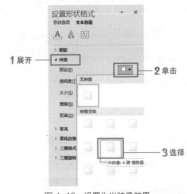

图 4-10　设置为半映像效果

技巧拓展

在PowerPoint 2016中为文字添加"映像"效果时，还可以对倒影类型、透明度、距离、模糊度等参数进行设置。此处将"模糊"值的0磅更改为20磅，如图4-11所示（上图"模糊"值为0磅，下图"模糊"值为20磅）。

图 4-11　设置映像模糊值

Extra Tip ﹥﹥﹥﹥﹥﹥﹥﹥﹥﹥﹥

实例 064　制作三维文字效果

问题介绍： 三维文字是一种常见的艺术字效果，使用立体文字可以获得很好的视觉效果。实际上，艺术字样式库中很多样式都具有三维效果。下面为大家介绍如何设置三维文字效果。

难度系数：★★★　　适用版本：07/10/13/16

❶ 在PowerPoint 2016中打开"素材\第04章\实例064\团队培训.pptx"演示文稿，在左侧导航窗格中选择第1张幻灯片，选择待添加三维文字效果的文本框，接着选择"绘图工具—格式"选项卡，在"艺术字样式"选项组中单击"文本效果"下三角按钮，在展开的下拉列表中选择"棱台"选项，然后在子列表中选择"三维选项"选项，如图 4-12 所示。

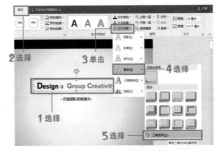

图 4-12　选择"三维选项"选项

高效能人士 的PPT办公秘技 300 招

第1章
第2章
第3章
第4章
第5章
第6章
第7章
第8章
第9章
第10章
第11章
第12章

❷ 在打开的"设置形状格式"导航窗格的"三维格式"选项区域中,单击"顶部棱台"下拉按钮,在"棱台"区域中选择"圆形"效果,如图 4-13 所示。

❸ 单击"材料"的下拉按钮,在"特殊效果"区域中选择"线框"效果,如图 4-14 所示。

图 4-13 设置"圆形"棱台效果

图 4-14 选择"线框"效果

技巧拓展

为了带来时尚酷炫的视觉体验,用户除了可以为艺术字设置"三维格式"外,还可以进一步添加"三维旋转"艺术字效果,如图 4-15 所示。在"三维旋转"子列表中选择"离轴2:右"平行旋转模式,增大显示的景深,使演示效果更加生动。

Extra Tip ＞＞＞＞＞＞＞＞＞＞＞＞

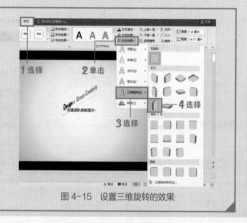

图 4-15 设置三维旋转的效果

实例 065　制作发光字效果

问题介绍:为了突出文字的色彩,设置文本的发光效果比为文字添加阴影或者倒影效果更加显著。但是如果发光字的制作效果掌握不好,会显得与整体画面不相协调,会分散观众的观赏注意度和降低幻灯片的美感。

❶ 在 PowerPoint 2016 中打开"素材\第04章\实例065\团队培训.pptx"演示文稿,在左侧导航窗格中选择第1张幻灯片,选择待添加发光字效果的文本框,如图 4-16 所示。

图 4-16 选择艺术字文本框

❷ 选择"绘图工具—格式"选项卡，在"艺术字样式"选项组中单击"文本效果"下拉按钮，在展开的下拉列表中选择"发光"选项，最后在子列表中选择"发光：11磅；灰色，主题色3"选项，如图 4-17 所示。

图 4-17　制作发光字

技巧拓展

　　用户可以进一步设置发光的格式，打开"设置形状格式"导航窗格，在"发光"选项区域中，对发光预设的类型、颜色、大小、透明度进行设置，如图 4-18 所示。

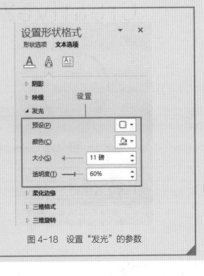

图 4-18　设置"发光"的参数

实例 066

制作图案填充字效果

问题介绍： 艺术字的设置可以从艺术效果上为演示文稿增加表现力。小红在制作图案填充字效果时，想将主题艺术字的填充效果修改为用图案进行填充，该怎么操作呢？

① 在PowerPoint 2016中打开"素材\第04章\实例066\团队培训.pptx"演示文稿，在左侧导航窗格中选择第3张幻灯片，右键单击待添加图案填充字的文本框，然后在弹出的快捷菜单中选择"设置形状格式"命令，如图 4-19所示。

图 4-19 选择文本框并右击

② 在打开的"设置形状格式"导航窗格中选择"文本选项"选项卡，接着单击"文本填充与轮廓"按钮▲，在"文本填充"选择区域中选择"图案填充"单选按钮，在"图案"区域中选择合适的图案，如图 4-20所示。

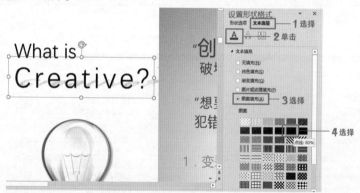

图 4-20 选择图案样式

技巧拓展

在进行图案填充设置时，除了可以对图案的样式进行设置外，还可以设置图案填充的"前景"和"背景"颜色，如图 4-21所示。

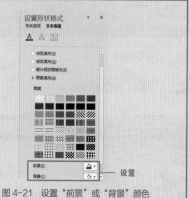

图 4-21 设置"前景"或"背景"颜色

制作阴影文字特效

实例 067

问题介绍: 艺术字是以有趣的方式拉伸或弯曲文本的一系列预设效果。制作阴影文字特效通常要考虑效果的真实性,要综合光源的角度和幻灯片的背景选择文字阴影。

① 在PowerPoint 2016中打开"素材\第04章\实例067\团队培训.pptx"演示文稿,在左侧导航窗格中选择第3张幻灯片,选中艺术字文本框,然后选择"绘图工具—格式"选项卡,在"艺术字样式"选项组中单击"文本效果"下拉按钮,在展开的下拉列表中选择"阴影"选项,在子列表中选择"阴影选项"选项,如图 4-22所示。

② 在"阴影"选项区域中单击"预设"下拉按钮,选择"透视:向右"选项,如图 4-23所示。

图 4-22 选择"阴影选项"选项

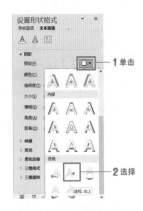

图 4-23 选择"阴影"效果

技巧拓展

　　设置外部阴影,即让阴影出现在轮廓线外部,表现凸出来的效果;设置内部阴影,即让阴影出现在轮廓线内部,表现凹进去的效果;设置透视阴影,即让阴影与轮廓线分离,表现出光线投影效果,立体感最强。灵活选择阴影样式,可以营造不一样的文字风格。

Extra Tip>>>>>>>>>>>>

制作彩色文字特效

实例 068

问题介绍: 艺术字是一种通过特殊效果,使文字突出显示的快捷方法。其中,彩色文字特效是指通过对艺术字进行自定义颜色填充,达到充分表现文字色彩以及主题的实用操作。

第1章
第2章
第3章
第4章
第5章
第6章
第7章
第8章
第9章
第10章
第11章
第12章

❶ 在PowerPoint 2016中打开"素材\第04章\实例068\团队培训.pptx"演示文稿，在左侧导航窗格中选择第3张幻灯片，右键单击待添加彩色文字特效的文本框，然后在弹出的快捷菜单中选择"设置形状格式"命令，如图4-24所示。

❷ 在打开的"设置形状格式"导航窗格中选择"文本选项"选项卡，接着单击"文本填充与轮廓"按钮，在"文本填充"选项区域中，选中"纯色填充"单选按钮，单击"颜色"下拉按钮，在"主题颜色"区域中选择合适的颜色，如图4-25所示。

图4-24 选择"设置形状格式"命令

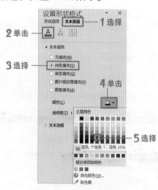

图4-25 选择合适颜色

技巧拓展

当在"主题颜色"区域中无法找到合适的颜色，用户可以选择"其他颜色"选项，如图4-26所示。在打开的"颜色"对话框中，选择"自定义"选项卡，在RGB模式下，设置"红色""绿色""蓝色"参数的具体数值，单击"确定"按钮，完成彩色文字特效的制作，如图4-27所示。

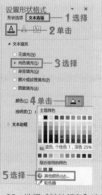

图4-26 选择"其他颜色"选项

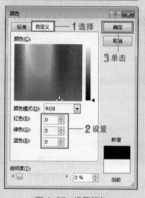

图4-27 设置颜色

Extra Tip >>>>>>>>>>>>>

实例 069

组合零散的图形

问题介绍： 在幻灯片中插入多个对象后，在对这些对象进行相同的编辑操作时，一个一个编辑费时费力，此时可以把这些对象组合为一个整体。小红希望把同一类型的多个对象组合在一起，该如何实现？

难度系数 ★

适用版本：07/10/13/16

① 在PowerPoint 2016中打开"素材\第04章\实例069\团队培训.pptx"演示文稿，在左侧导航窗格中选择第8张幻灯片，按住Shift键选中需要组合的对象，此处选择4张插入的图片。

② 将鼠标指针移至任意对象上并右击，在弹出的快捷菜单中选择"组合"命令，在展开的子列表中选择"组合"选项，如图 4-28 所示。

图 4-28 组合对象

技巧拓展

如果想调整一个组合里的某个对象，需要先取消组合，操作如下。首先选择组合对象并右击，在弹出的快捷菜单中选择"组合"命令，在子列表中选择"取消组合"选项，如图 4-29 所示。

图 4-29 取消对象的组合

Extra Tip ﹥﹥﹥﹥﹥﹥﹥﹥﹥﹥﹥

第1章

第2章

第3章

第4章

第5章

第6章

第7章

第8章

第9章

第10章

第11章

第12章

实例 070 轻松创建 SmartArt 图形

难度系数：★ 适用成本：07/10/13/16

问题介绍： 小红在制作演示文稿时，经常为了匹配文档的总体样式花费大量时间获取相同大小并相互对齐的形状。这时使用SmartArt图形功能，可以为用户节省大量的时间成本。

① 在PowerPoint 2016中打开"素材\第04章\实例070\企业招聘.pptx"演示文稿，在左侧导航窗格中选择第10张幻灯片，选择"插入"选项卡，在"插图"选项组中单击SmartArt按钮，如图 4-30所示。

图 4-30 单击 SmartArt 按钮

② 在打开的"选择SmartArt 图形"对话框中，选择"循环"选项，在右侧区域中选择需要的SmartArt 图形样式，单击"确定"按钮，如图 4-31所示。

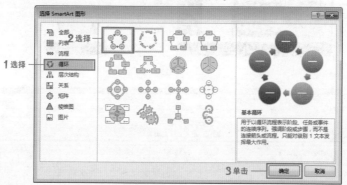

图 4-31 选择 SmartArt 图形

③ 在插入的图形内输入文字，接着将鼠标指针移至需要调整样式的形状上并右击，在弹出的快捷菜单中选择"设置形状格式"命令，如图 4-32所示。

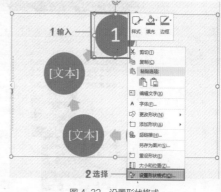

图 4-32 设置形状格式

④ 在打开的"设置形状格式"导航窗格中选择"形状选项"选项卡，然后单击"填充与线条"按钮 🖌，在"填充"选项区域中选中"纯色填充"单选按钮，然后设置"颜色"和"透明度"参数，如图 4-33所示。

第 4 章 PPT 的特殊字体与图形

第1章
第2章
第3章
第4章
第5章
第6章
第7章
第8章
第9章
第10章
第11章
第12章

图 4-33 设置填充颜色与透明度

技巧拓展

　　SmartArt图形功能相当强大，除了可以创建上述的循环流程图，还可以创建列表、流程以及组织结构图等蕴含逻辑的结构思维图。同时，对于创建出的图形，也可以运用"格式刷"或者"复制""粘贴"等功能对图形进行基本操作，以符合内容的呈现。

Extra Tip〉〉〉〉〉〉〉〉〉〉〉〉

实例 071

轻松编辑 SmartArt 图形中文本

问题介绍： SmartArt 图形是PowerPoint 2016中一款非常好用的信息展示辅助工具，可以大大提高文档的档次。小红在创建完SmartArt 图形后，需要向其中添加文字，该怎么操作呢？

1 在PowerPoint 2016中打开"素材\第04章\实例071\企业招聘.pptx"演示文稿，在左侧导航窗格中选择第10张幻灯片，选择SmartArt 图形并右击，在弹出的快捷菜单中选择"显示文本窗格"命令，如图 4-34所示。

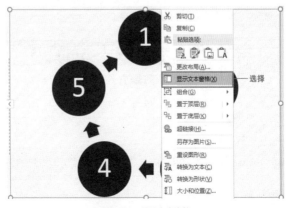

图 4-34 显示文本窗格

2️⃣ 然后在左侧打开的文本窗格中输入文字即可，如图 4-35 所示。

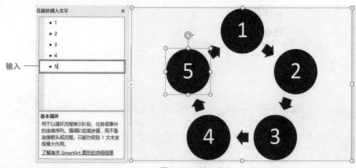

输入

图 4-35　输入文字

技巧拓展

　　如果需要隐藏文本窗格，则选中 SmartArt 图形并右击，在弹出的快捷菜单中选择"隐藏文本窗格"命令即可，如图 4-36 所示。

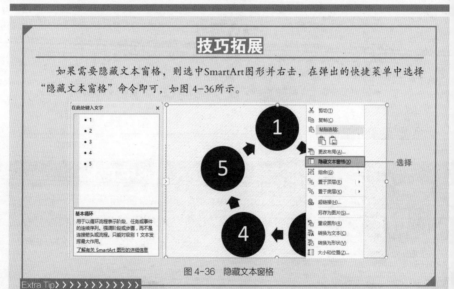

选择

图 4-36　隐藏文本窗格

Extra Tip ＞＞＞＞＞＞＞＞＞＞＞

实例 072

文本与 SmartArt 图形的转换

问题介绍：在演示文稿中制作 SmartArt 图形时，用户可以将编辑好的文本直接制作成图形，或者将图形转换为文本，大大地提高了工作效率，降低了劳动成本。

难度系数： ★★★　适用版本：07/10/13/16

1️⃣ 在 PowerPoint 2016 中打开"素材\第04章\实例072\企业招聘.pptx"演示文稿，在左侧导航窗格中选择第10张幻灯片，选中 SmartArt 图形，选择"SmartArt工具—设计"选项卡，在"重置"选项组中单击"转换"下拉按钮，然后在展开的列表中选择"转换为文本"选项，如图 4-37 所示。

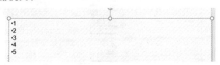

图 4-37 转换为文本

② 即可将SmartArt图形转换为文本，如图
4-38所示。

图 4-38 显示文本格式

③ 在PowerPoint 2016中打开"素材\第04章\实例072\团队培训.pptx"演示文稿，选择第8张幻灯片，选中文本内容，选择"开始"选项卡，在"段落"选项组中单击"转换为SmartArt"下拉按钮，选择"其他SmartArt图形"选项，如图 4-39所示。

图 4-39 选择"其他SmartArt 图形"选项

④ 在打开的"选择SmartArt图形"对话框中，选择"关系"选项，选择"基本维恩图"图形选项，单击"确定"按钮，如图 4-40所示。

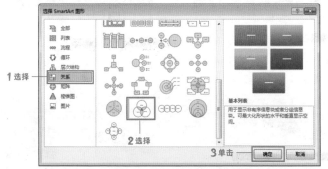

图 4-40 转换为"基本维恩图"图形

第1章

第2章

第3章

第4章

第5章

第6章

第7章

第8章

第9章

第10章

第11章

第12章

技巧拓展

在进行文本与SmartArt图形的转换时，还可以通过如下操作完成。选中文本框后，选择"开始"选项卡，在"段落"选项组中单击"转换为SmartArt"下拉按钮，在下拉列表中选择"基本维恩图"图形选项，如图4-41所示。

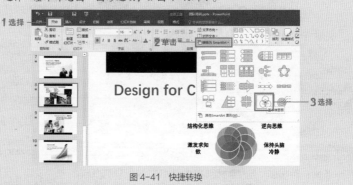

图 4-41　快捷转换

实例 073

将图片转换为 SmartArt 图形

问题介绍： 设计幻灯片版式时，除了直接利用内置模板外，还可以将图片转换成SmartArt形式。下面介绍具本操作方法。

① 在PowerPoint 2016中打开"素材\第04章\实例073\团队培训.pptx"演示文稿，选择第10张幻灯片，选中已插入的图片，选择"图片工具—格式"选项卡，在"图片样式"选项组中单击"图片版式"下拉按钮，如图 4-42所示。

② 将光标移至"螺旋图"选项上，即可预览效果，单击选择"螺旋图"选项，如图4-43所示。

图 4-42　打开图片版式下拉面板

图 4-43　选择"螺旋图"选项

技巧拓展

确定SmartArt图形的类型后，还可以进行进一步的设计。选择转换后的SmartArt图形，选择"SmartArt工具—设计"选项卡，在"版式"选项组中单击"其他"按钮，选择"六边形群集"版式选项，如图 4-44所示。当然用户也可以选择"其他布局"选项，再进一步设置SmartArt图形的版式，以达到预期效果，如图 4-45所示。

图 4-44 快捷选择 SmartArt 图形版式

图 4-45 查看效果

实例 074

将 SmartArt 图形转换为形状

问题介绍： 要想让SmartArt图形外观更有设计感，可以对SmartArt图形中的形状大小进行调整并重新定位。那么，首先需要将SmartArt图形转换为多个形状。

❶ 在PowerPoint 2016中打开"素材\第04章\实例074\企业招聘.pptx"演示文稿，在第10张幻灯片中选中SmartArt图形，选择"SmartArt工具—设计"选项卡，在"重置"选项组中单击"转换"下拉按钮。

❷ 在展开的列表中选择"转换为形状"选项，如图 4-46所示。

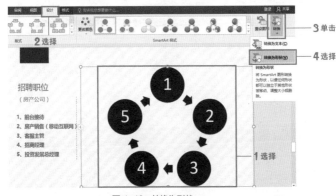

图 4-46 转换为形状

第 1 章

第 2 章

第 3 章

第 4 章

第 5 章

第 6 章

第 7 章

第 8 章

第 9 章

第 10 章

第 11 章

第 12 章

技巧拓展

将SmartArt图形转换为形状后，虽然若干个小对象仍处于"组合"状态，但是已经无法将这些形状重新转换为 SmartArt 图形了。

Extra Tip ＞ ＞ ＞ ＞ ＞ ＞ ＞ ＞ ＞ ＞ ＞

实例 075

应用 SmartArt 图形样式

问题介绍: SmartArt 图形是信息和观点的视觉表示。小红在编辑SmartArt图形时，发现创建的SmartArt图形样式无法突出演示效果，需要重新应用SmartArt样式。

① 在PowerPoint 2016中打开"素材\第04章\实例075\企业招聘.pptx"演示文稿，在第10张幻灯片中选择SmartArt图形，选择"SmartArt工具—设计"选项卡，在"SmartArt样式"选项组中单击"其他"按钮，如图 4-47所示。

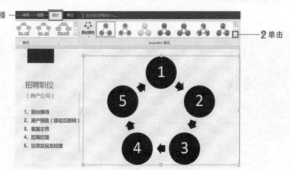

图 4-47 打开 SmartArt 样式列表

② 在展开列表的"三维"区域中选择"金属场景"样式，如图4-48所示。

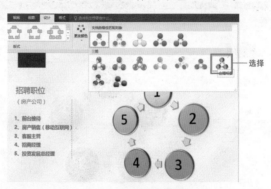

图 4-48 选择"金属场景"样式

第1章
第2章
第3章
第4章
第5章
第6章
第7章
第8章
第9章
第10章
第11章
第12章

技巧拓展

SmartArt样式既包括三维样式，又包括二维样式，用户可以根据设计需求进行选择。

Extra Tip > > > > > > > > > > > >

实例 076

适用版本：07/10/13/16

更改 SmartArt 图形布局

问题介绍： 不同SmartArt图形表达对象之间不同的逻辑关系，小红在编辑SmartArt图形时，发现其原有布局不是很合理，希望重新更改布局样式。

① 在PowerPoint 2016中打开"素材\第04章\实例076\企业招聘.pptx"演示文稿，在第10张幻灯片中选择SmartArt图形，选择"SmartArt工具—设计"选项卡，在"版式"选项组中单击"其他"按钮，如图 4-49所示。

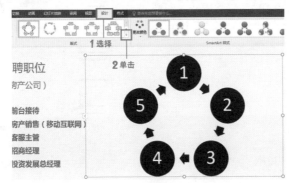

图 4-49　打开"版式"列表

② 在展开的列表中选择"圆箭头流程"布局选项，如图 4-50所示。

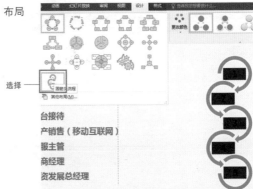

图 4-50　选择"圆箭头流程"选项

第1章

第2章

第3章

第4章

第5章

第6章

第7章

第8章

第9章

第10章

第11章

第12章

技巧拓展

SmartArt图形的布局包括列表、流程、循环、层次结构、关系、矩阵、棱锥图等多种不同的类型，均可以通过"选择SmartArt图形"对话框来选择。

Extra Tip >>>>>>>>>>>>>>

实例 077

难度系数 ★★★　　适用版本：07/10/13/16

图片自动更新

问题介绍： 在演示文稿中插入计算机中的图片后，当对计算机中的原图片进行修改时，若想将修改后的图片替换演示文稿中原图片，需要将原图片删除，再执行一次图片的插入操作，非常麻烦。有什么办法可以让图片自动更新吗？

① 在PowerPoint 2016中打开"素材\第04章\实例077\团队培训.pptx"演示文稿，在左侧导航窗格中选择第3张幻灯片，选择"插入"选项卡，在"图像"选项组中单击"图片"按钮，如图 4-51所示。

图 4-51　单击"图片"按钮

② 在打开的"插入图片"对话框中选择满意的图片，单击"插入"下拉按钮，选择"链接到文件"选项，如图 4-52所示。最后关闭演示文稿。

图 4-52　链接到文件

③ 对原图片进行修改并保存后，重新打开演示文稿，可以看到图片已经自动更新，如图 4-53所示。

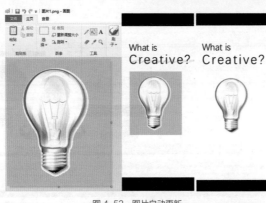

图 4-53　图片自动更新

技巧拓展

　　需要注意的是，选择链接图片文件的文件名和存储位置不能改变，否则PPT的链接会失效，图片也就不能更新了。

Extra Tip > > > > > > > > > > > >

实例 078

使用剪贴画

问题介绍： PowerPoint 2016中有很多美观的剪贴画，大多数用户在使用的时候只会考虑全盘照搬。其实，这些剪贴画也是可以任意修改、组合的，下面介绍将剪贴画插入演示稿的方法。

① 在PowerPoint 2016中打开"素材\第04章\实例078\团队培训.pptx"演示文稿，选中第12张幻灯片，选择"插入"选项卡，在"图像"选项组中单击"联机图片"按钮，如图 4-54 所示。

② 在"插入图片"面板的"必应图像搜索"文本框中输入"剪贴画"，单击搜索按钮，如图 4-55所示。

图 4-54　单击"联机图片"按钮

图 4-55　搜索剪贴画

③ 在搜索结果中选择需要的剪贴画，单击"插入"按钮，如图 4-56所示。

图 4-56　插入剪贴画

技巧拓展

用户可以筛选搜索结果为"仅 CC (Creative Commons)"，也可以选择查看所有图像。如果选择"所有图像"选项，搜索结果将显示所有必应图像。在使用图片的时候，用户有责任尊重其他人的财产权，包括版权。

Extra Tip ❯ ❯ ❯ ❯ ❯ ❯ ❯ ❯ ❯ ❯ ❯ ❯ ❯

实例 079 　创建图片项目符号样式

问题介绍：在对演示文稿进行编辑的过程中，小红觉得PPT内置的项目符号样式不够美观，想将一些好看的图片设置为项目符号，该怎么操作呢？

① 在PowerPoint 2016中打开"素材\第04章\实例079\团队培训.pptx"演示文稿，在左侧导航窗格中选择第12张幻灯片，在待添加项目符号的文本上右击，在弹出的快捷菜单中选择"项目符号"命令，然后在展开的子列表中选择"项目符号和编号"选项，如图 4-57所示。

② 打开"项目符号和编号"对话框，选择"项目符号"选项卡，接着单击"图片"按钮，如图 4-58所示。

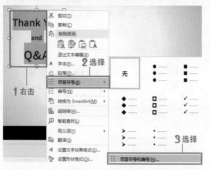

图 4-57　选择"项目符号和编号"选项

图 4-58　单击"图片"按钮

❸ 在"插入图片"面板中"来自文件"右侧单击"浏览"按钮，如图 4-59 所示。

图 4-59 单击"浏览"按钮

❹ 在打开的"插入图片"对话框中选择"灯.png"图片选项，单击"插入"按钮，项目符号即更改为所选图片，如图 4-60 所示。

图 4-60 插入图片

技巧拓展

　　添加项目符号后，用户可以通过"定义新项目符号"功能重新修改项目符号样式。在"项目符号和编号"对话框中单击"自定义"按钮，在打开的"符号"对话框中选择所需的符号样式，单击"确定"按钮，如图 4-61 所示。

图 4-61 选择自定义项目符号的样式

隐藏重叠的图片

实例 080

问题介绍: 小红在编辑幻灯片中的图片对象时，发现有的图片被其他图片遮住了一部分。此时若需要修改底层的图片，可以把顶层的图片隐藏起来，下面为大家介绍如何隐藏重叠的图片。

① 在PowerPoint 2016中打开"素材\第04章\实例080\团队培训.pptx"演示文稿，在左侧导航窗格中选择第8张幻灯片，选择需要隐藏的图片对象，选择"图片工具—格式"选项卡，在"排列"选项组中单击"选择窗格"按钮，如图 4-62所示。

图 4-62　单击"选择窗格"按钮

② 在打开的"选择"导航窗格中，单击 图标，即可将选择的图片隐藏起来，如图 4-63所示。

图 4-63　隐藏图片

技巧拓展

通过单击"选择"导航窗格中的"全部隐藏"按钮，可以隐藏所有的图片和文本对象。

职场小知识

威尔德定理

简介: 有效的沟通始于聆听,止于回答。

威尔德定理认为有效的沟通始于聆听,止于回答。一个懂得沟通的人,要学会的最重要一点,就是认真地倾听。管理者要学会让员工说,而不是把沟通变成单方面的命令传达。

世界上善谈者很多,但却没有太多善于倾听的人。原因在于很多人认为听是一种被动的行为,他们很可能会感到烦闷,如果不参与谈话还可能会感到无精打采。事实上善于倾听并不是消极的行为,在说与听的过程中,听者对于交谈的投入往往并不少于说话者。

倾听,一方面可以使说话方感觉到被尊重和被欣赏,另一方面可以从谈话中真实地感受对方,并向他人学习而使自己聪明。基于对人性的了解,人们往往对自己的事更感兴趣,对自己的问题更关注,更注意自我表现。一旦聆听者愿意专心听取谈话者谈自己的事时,他就会觉得倍受重视,从而更愿意把想说的话更充分地表达出来,言辞达意的同时能提高信息的接受度和完整性。除此之外,认真聆听所创造的氛围又起到提高沟通效果的作用,容易拉近双方之间的心理距离,促进交流关系变得更和谐。如果面对冲突、矛盾、抱怨,倾听也是解决问题最好的方法。当听到满腹的牢骚时,不妨放宽心胸,只需凭耐心去听听抱怨的原因,让其发泄出心中的烦闷,听者对症下药,解决问题就不会太棘手。通过倾听可以从谈话内容、谈话态度等多方面学习他人,同时摆脱自我,成为一个谦虚受欢迎的人。每个人都有自己的长处和短处,善于倾听使我们能取人之长,补己之短,同时预防别人的缺点错误在自己身上出现。

故而,威尔德定理的内涵在于倾听,并不代表你对对方谈话的全部认同,它仅表示对对方的尊重,以及深度认同每个人都有表达自己想法权利的意识。总之,良好的沟通基于真诚的倾听。

第5章

Chapter 5

PPT 的
背景与图片

文字语言和图片语言是书面演示过程中使用最频繁的两种语言。充实的文字内容是现代社会传递信息、表达感情的普遍手段，图片以其丰富的艺术形象可以直观地表达内涵。如果说仅有文字的演示文稿是素颜，那么为之添上适合的背景与图片就如同上妆。因此，在进行幻灯片编辑和设计过程中，除了了解文字的内容编辑功能外，学会为文本内容设计背景和处理图片，会在一定程度上更加影响演示文稿的整体效果。

本章主要介绍PPT的幻灯片背景设置以及图片效果的处理技巧，其中图片处理技巧包括使用并编辑相册、为图片添加不同类型的艺术效果、调整图片的参数等，难度适中且应用广泛。

实例 081 幻灯片背景设置

难度系数：★☆☆ 适用版本：07/10/13/16

问题介绍：小红在浏览即将完成的演示文稿时，想要调整封面幻灯片的背景样式。下面为大家介绍设置幻灯片背景的操作方法。

① 在PowerPoint 2016中打开“素材\第05章\实例081\组织结构管理培训.pptx”演示文稿，在左侧导航窗格中选择第1张幻灯片，选择“设计”选项卡，在“自定义”选项组中单击“设置背景格式”按钮，如图 5-1所示。

图 5-1 设置背景格式

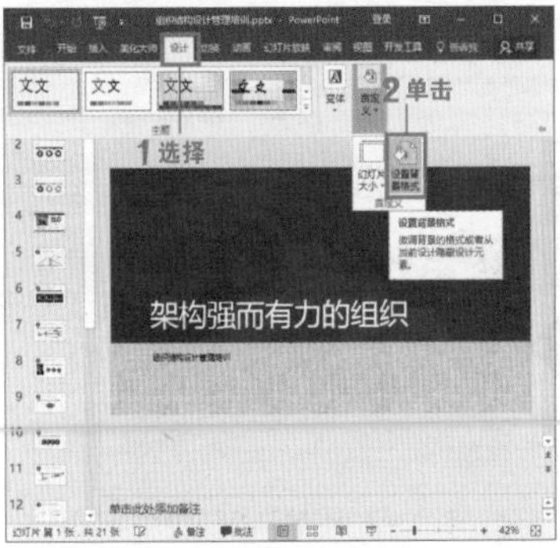

② 在打开的“设置背景格式”导航窗格中，单击填充按钮，选择“图片与纹理填充”单选按钮，单击“纹理”下拉按钮，如图 5-2所示。

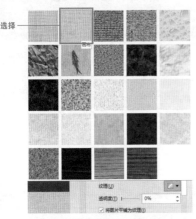

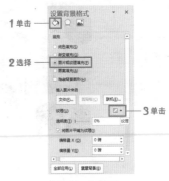

图 5-2 纹理填充

③ 在展开的纹理列表中选择“画布”纹理选项，如图 5-3所示。

图 5-3 选择“画布”纹理选项

技巧拓展

幻灯片背景格式除了可以设置为“图片和纹理填充”外，还可以选择“纯色填充”和“渐变填充”等。其中主要补充说明“渐变填充”，渐变是一种多色填充，即一种颜色逐渐转变为另一种颜色。“位置”参数用于设置渐变光圈所在的位置，也就是颜色边界位置，用百分比来表示，范围为0%~100%。

Extra Tip

第1章
第2章
第3章
第4章
第5章
第6章
第7章
第8章
第9章
第10章
第11章
第12章

实例 082

让多个对象排列整齐

问题介绍： 在制作演示文稿的过程中，一张幻灯片可能会插入多个对象，如文本框、图形、特殊形状等等，但是如何使插入的对象整齐地排列呢？

① 在PowerPoint 2016中打开"素材\第05章\实例082\组织结构管理培训.pptx"演示文稿，选择第8张幻灯片，按住Ctrl键同时选中三个需要调整的对象，然后选择"格式"选项卡，在"排列"选项组中单击"对齐"下拉按钮，选择"顶端对齐"选项，如图 5-4 所示。

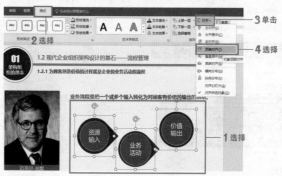

图 5-4 选择"顶端对齐"选项

② 此时可以看到，幻灯片中排列参差不齐的三个形状对象以顶端为基准对齐了，如图 5-5 所示。

图 5-5 顶端对齐的效果

技巧拓展

在"对齐"下拉列表中包含8种对齐类型，分别是左对齐、水平居中、右对齐、顶端对齐、垂直居中、底端对齐、横向分布以及纵向分布。如果需要对各个对象的相对位置进行调整，要保证各对象之间不处于已经组合的状态。

Extra Tip ▶ ▶ ▶ ▶ ▶ ▶ ▶ ▶ ▶ ▶ ▶ ▶

实例 083

裁剪图片为任意形状

问题介绍： 插入演示文稿中图片的大小是根据图片自身像素的大小所决定的。在演示文档的编辑过程中，可以根据幻灯片的内容以及整体效果要求对图片进行裁剪。

① 在PowerPoint 2016中打开"素材\第05章\实例083\组织结构管理培训.pptx"演示文稿，在第8张幻灯片中选中需要调整的图片，然后选择"图片工具—格式"选项卡，在"大小"选项组中单击"裁剪"下拉按钮，选择"裁剪"选项，如图 5-6 所示。

② 拖动出现的黑色虚线框，对原图片进行裁剪，删去多余的部分，如图 5-7 所示。

图 5-6　选择"裁剪"选项

图 5-7　删除图片的多余部分

技巧拓展

　　PowerPoint 2016中的"裁剪"包括多种形式，用户可以根据需要将图片裁剪为特定的形状，操作如下。

　　a.选中需要调整的图片，选择"图片工具—格式"选项卡，在"大小"选项组中单击"裁剪"下拉按钮，选择"裁剪为形状"选项，在子列表中选择"矩形：圆角"选项，如图 5-8 所示。

　　b.裁剪出的形状如图 5-9 所示，图片变为选择的圆角形状。

图 5-8　裁剪为形状

图 5-9　查看裁剪效果

Extra Tip ＞＞＞＞＞＞＞＞＞＞＞＞

实例 084

轻松制作简单三维模型

问题介绍： 扁平的图片往往无法展示事物的真实感，而其三维效果的设置则使物体表现得更加生动形象，让人们对物体的认识变得更加容易。

第1章　第2章　第3章　第4章　第5章　第6章　第7章　第8章　第9章　第10章　第11章　第12章

① 在PowerPoint 2016中打开"素材\第05章\实例084\团队培训.pptx"演示文稿,在左侧导航窗格中选择第10张幻灯片,选择"插入"选项卡,在"插图"选项组中单击"形状"下拉按钮,在展开的列表中选择"椭圆"形状选项,如图5-10所示。

图5-10 选择"椭圆"形状

② 在幻灯片的空白处绘制一个任意大小的椭圆形状,然后选择"绘图工具—格式"选项卡,在"形状样式"选项组中单击"形状轮廓"下拉按钮,在展开的列表中选择"三维旋转"选项,在子列表中选择"离轴1:上"效果选项,如图5-11所示。

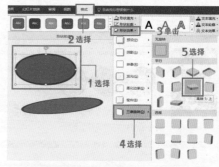

图5-11 选择"三维旋转"效果选项

③ 再次单击"形状样式"选项组中"形状轮廓"下拉按钮,在展开的列表中选择"棱台"选项,在子列表中选择"凸圆形"效果选项,如图5-12所示。

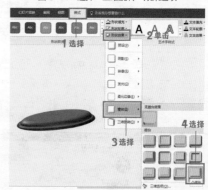

图5-12 选择"凸圆形"效果选项

④ 在椭圆形状上右击,在弹出的快捷菜单中选择"设置形状格式"命令,在打开的"设置形状格式"导航窗格中选择"形状选项"选项卡,单击"效果"按钮○,在"三维格式"区域中设置"顶端棱台"的"宽度"和"高度"值,如图5-13所示。

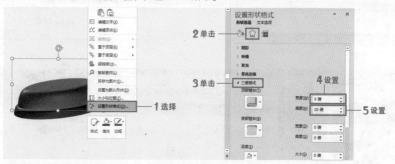

图5-13 设置"顶部棱台"的相关参数

第 5 章 PPT 的背景与图片

第1章
第2章
第3章
第4章
第5章
第6章
第7章
第8章
第9章
第10章
第11章
第12章

技巧拓展

如果需要进一步调整三维模型的状态，可以通过"设置形状格式"导航窗格中的各项参数进行模型制作。其中 ○ 为"效果"按钮，负责棱台高度、宽度、深度、曲面图、所用材料以及光源对准的调节，如图 5-14 所示。▣ 为"大小和属性"按钮，负责初始形状（此处为椭圆）的大小、宽度、旋转角度以及位置的调节，如图 5-15 所示。△ 为"填充与线条"按钮，负责三维模型的外装饰颜色以及图纹的变换，最终可以对制作的三维模型进行精细调节，如图 5-16 所示。

图 5-14 调节效果参数

图 5-15 调节"大小和属性"参数

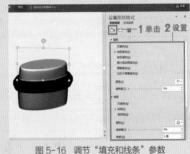

图 5-16 调节"填充和线条"参数

实例 085

难度系数：★★★　适用版本：07/10/13/16

使用相册功能制作 PPT

问题介绍： 小红想利用手头的大量图片快速地制作出演示文稿，这时，使用 PPT 的相册功能可以使制作出来的幻灯片风格统一，且只要简单设置就能使用。下面为大家介绍如何使用相册功能制作演示文稿。

❶ 首先将已有的大量图片保存在"素材\第05章\实例085\相册"文件夹中，如图 5-17 所示。

❷ 在 PowerPoint 2016 中打开"素材\第05章\实例085\空白文稿.pptx"演示文稿，选择"插入"选项卡，在"图像"选项组中单击"相册"下拉按钮，在展开的列表中选择"新建相册"选项，如图5-18所示。

图 5-17 打开"相册"文件夹

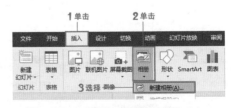

图 5-18 选择"新建相册"选项

❸ 在打开的"相册"对话框中单击"文件/磁盘"按钮，如图 5-19 所示。

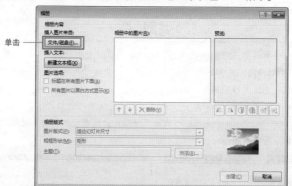

图 5-19　单击"文件 / 磁盘"按钮

❹ 打开"插入新图片"对话框，选中全部图片，单击"插入"按钮，如图 5-20 所示。

图 5-20　插入所有图片

❺ 在"相册"对话框中对各个图片的顺序进行调整，然后单击"创建"按钮，如图 5-21 所示。

❻ 即可创建由所选图片作背景的演示文稿，第一张幻灯片的名称为"相册"，如图 5-22 所示。

图 5-21　创建"相册"演示文稿

图 5-22　查看创建的"相册"演示文稿效果

第1章

第2章

第3章

第4章

第5章

第6章

第7章

第8章

第9章

第10章

第11章

第12章

技巧拓展

为了避免制作模板耗费时间、缺乏主题对象，文字堆积或冗余混乱等问题，使用相册快速制作演示文稿大有神益。需要注意的是，选择的图片风格和颜色应大致相同，且保证图片的像素清晰，便于反复修改来改善视觉美感。

Extra Tip▶▶▶▶▶▶▶▶▶▶▶▶

实例 086

使用"编辑相册"功能修改 PPT

问题介绍：小红在编辑由相册建立的演示文稿时，发现设置的版式不符合要求，需要调整为两张图片排于1张幻灯片的效果，下面为大家介绍如何使用"编辑相册"功能编辑演示文稿。

难度系数：★★★　适用版本：07/10/13/16

❶ 在PowerPoint 2016中打开"素材\第05章\实例086\相册.pptx"演示文稿，选择"插入"选项卡，在"图像"选项组中单击"相册"下拉按钮，在展开的列表中选择"编辑相册"选项，如图 5-23所示。

图 5-23　选择"编辑相册"选项

❷ 在打开的"编辑相册"对话框中单击"图片版式"下拉按钮，选择"2张图片"选项，如图 5-24所示。

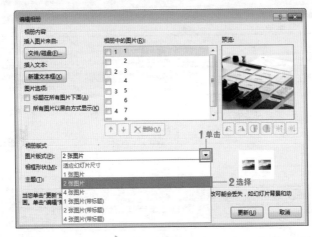

图 5-24　调整相册版式

③ 然后单击"相框形状"下拉按钮，选择"简单框架，白色"选项，最后单击"更新"按钮，如图 5-25 所示。

图 5-25　调整相框形状

④ 即可轻松更新由相册图片做背景的"相册.pptx"演示文稿，效果如图 5-26 所示。

图 5-26　查看更新相册演示文稿的效果

技巧拓展

对由相册建立的演示文稿还可以设置所有图片以黑白形式显示。在图 5-27 中勾选相关复选框，然后单击"更新"按钮即可。

图 5-27　显示黑白形式

实例 **087**

难度系数：★★★
适用版本：07/10/13/16

调整图片亮度和对比度

问题介绍: 提高图片亮度操作一般用来调整曝光过度或曝光不足的图片中的细节。小红在插入图片后觉得原图看上去总显得灰沉沉的，不够靓丽。下面为大家介绍如何调整图片的亮度和对比度。

① 在PowerPoint 2016中打开"素材\第05章\实例087\组织结构设计管理培训.pptx"演示文稿，切换至第4张幻灯片，选择需要调整的图片，选择"图片工具—格式"选项卡，在"调整"选项组中单击"更正"下拉按钮，在展开的列表中选择"图片更正选项"选项，如图5-28所示。

图 5-28　选择"图片更正选项"选项

② 打开"设置图片格式"导航窗格，在"形状选项"选项卡中单击"图片"按钮，然后设置图片的"亮度"和"对比度"值，如图5-29所示。

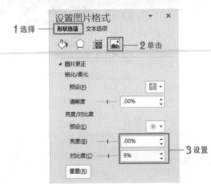

图 5-29　设置"亮度"和"对比度"参数

技巧拓展

图片亮度指的是图片的相对亮度，图片对比度指的是图片最暗和最亮区域之间的差异。在设置图片的亮度和对比度时，除了可以直接输入具体的数值，也可以单击"预设"下拉按钮，在展开的列表中选择设定好的样式选项，如图 5-30所示。

图 5-30　选择"预设"样式

Extra Tip ＞＞＞＞＞＞＞＞＞＞＞

第1章
第2章
第3章
第4章
第5章
第6章
第7章
第8章
第9章
第10章
第11章
第12章

实例 088

为图片添加艺术效果

问题介绍： 小红在幻灯片中添加图片对象后，觉得图片的显示效果扁平，不具有表现力。要想使图片效果不单调，增强图片表达的视觉冲力，可以尝试为图片添加艺术效果。

① 在PowerPoint 2016中打开"素材\第05章\实例088\组织结构设计管理培训.pptx"演示文稿，在第4张幻灯片中选择需要调整的图片，选择"图片工具—格式"选项卡，在"调整"选项组中单击"艺术效果"下拉按钮，在展开的列表中选择"艺术效果选项"选项，如图5-31所示。

图 5-31　选择"艺术效果选项"选项

② 打开"设置图片格式"导航窗格，单击"效果"按钮，在"艺术效果"选项区域中单击"艺术效果"下拉按钮，如图5-32所示。

③ 在展开的列表中选择"纹理化"效果选项，如图5-33所示。

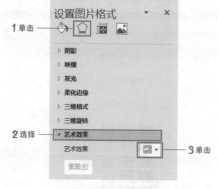

图 5-32　设置艺术效果

图 5-33　选择"纹理化"效果选项

第 1 章

第 2 章

第 3 章

第 4 章

第 5 章

第 6 章

第 7 章

第 8 章

第 9 章

第 10 章

第 11 章

第 12 章

技巧拓展

　　PPT的图片艺术效果包括纹理化、铅笔素描、马赛克气泡、虚化、塑封以及发光边缘等23种类型。在添加"虚化"艺术效果时，还可以进一步设置其虚化范围的半径，如图5-34所示。

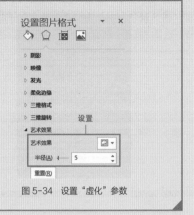

图 5-34　设置"虚化"参数

Extra Tip>>>>>>>>>>>>

实例 089

为图片重新着色

问题介绍： 小红在浏览"组织结构设计管理培训.pptx"演示文稿时，发现其中一张幻灯片的插图颜色过于鲜艳，如何为图片重新着色？

① 在PowerPoint 2016中打开"素材\第05章\实例089\组织结构设计管理培训.pptx"演示文稿，切换至第4张幻灯片，选择需要调整的图片，选择"图片工具—格式"选项卡，在"调整"选项组中单击"颜色"下拉按钮，在展开的列表中选择"图片颜色选项"选项，如图 5-35所示。

图 5-35　选择"图片颜色选项"选项

② 打开"设置图片格式"导航窗格，在"形状选项"选项卡中单击"图片"按钮，接着在"图片颜色"中单击"重新着色"下拉按钮，选择"褐色"选项，如图 5-36所示。

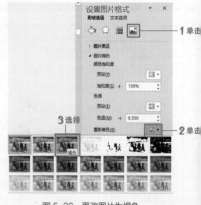

图 5-36　更改图片为褐色

技巧拓展

在"重新着色"列表中包含多种着色模式，主要包括黑白色调、彩色色调两个系列，还包含其他单独的类别，如灰度、冲蚀。

Extra Tip＞＞＞＞＞＞＞＞＞＞＞＞＞

实例 090

直接为图片去除背景

问题介绍： 对于一些简单的图片处理操作，PPT也能轻松驾驭。例如若要为图片去除背景，往往人们想的是使用PS等图片处理软件，其实使用PPT也可以做到。

① 在PowerPoint 2016中打开"素材\第05章\实例090\入职员工培训.pptx"演示文稿，在第5张幻灯片中选择需要去除背景的图片，选择"图片工具—格式"选项卡，在"调整"选项组中单击"删除背景"按钮，如图 5-37所示。

图 5-37　选择要删除背景的图片

② 在确定背景自动消除的范围后，停止拖动标记范围，在"背景消除"选项卡下单击"保留更改"按钮，图片的背景被消除，如图 5-38 所示。

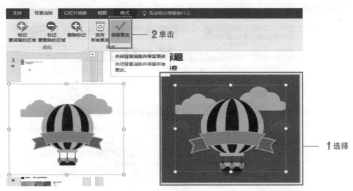

图 5-38　删除图片背影

技巧拓展

删除背景图片后，如果想将背景图片恢复到原始状态，可以单击"放弃所有更改"按钮，如图 5-39 所示。

图 5-39　放弃所有更改

Extra Tip>>>>>>>>>>>>

实例
091

为图片添加边框

问题介绍： 在演示文稿中插入图片后，为了让图片的效果更加鲜明，可以为图片添加边框，具体操作如下。

第1章
第2章
第3章
第4章
第5章
第6章
第7章
第8章
第9章
第10章
第11章
第12章

第1章

第2章

第3章

第4章

第5章

第6章

第7章

第8章

第9章

第10章

第11章

第12章

① 在PowerPoint 2016中打开"素材\第05章\实例091\入职员工培训.pptx"演示文稿，在第7张幻灯片中选择需要添加边框的图片，选择"图片工具—格式"选项卡，在"图片样式"选项组中单击"其他"按钮，如图5-40所示。

图5-40 打开图片边框样式选项列表

② 在展开的下拉列表中选择"旋转，白色"样式选项，如图5-41所示。

图5-41 选择图片样式

③ 在"图片样式"选项组中单击"图片边框"下拉按钮，在展开的列表中选择"粗细"选项，在子列表中选择"4.5磅"选项，将图片边框设置为4.5磅粗细的黑色实线，如图5-42所示。

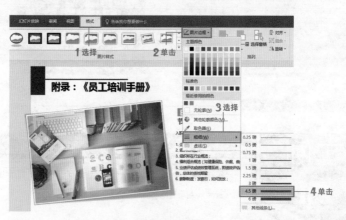

图5-42 设置线框粗细

第1章

第2章

第3章

第4章

第5章

第6章

第7章

第8章

第9章

第10章

第11章

第12章

技巧拓展

除了为图片设置边框类型以及框线粗细之外，还可以设置框线的颜色以及线型。如果想恢复图片原本的样子，可以使用"无轮廓"功能清除已有边框，如图 5-43 所示。同时，在"图片样式"选项组中单击"图片效果"下拉按钮，在展开的"预设""阴影""映像"等可能已经设置的效果列表中选择"无"选项，如图 5-44 所示。

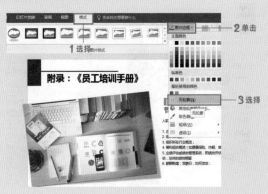

图 5-43 选择"无轮廓"选项

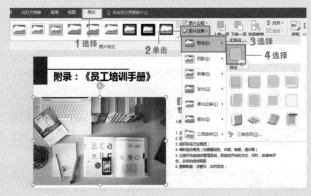

图 5-44 去除图片效果

Extra Tip ＞＞＞＞＞＞＞＞＞＞＞＞

实例 092

为图片添加预设效果

问题介绍： 小红在对演示文稿的图片排版以及演示效果进行设置时，想将图片设计成照片墙的展示形式，该如何摆放图片并呈现出立体效果呢？

❶ 在PowerPoint 2016中打开 "素材\第05章\实例092\入职员工培训.pptx"演示文稿,在左侧导航窗格中选择第7张幻灯片,选择需要添加预设效果的图片。

❷ 选择 "图片工具—格式"选项卡,在 "图片样式"选项组中单击 "图片效果"下三角按钮,在展开的列表中选择 "预设"选项,然后在子列表中选择 "预设9"选项,如图5-45所示。

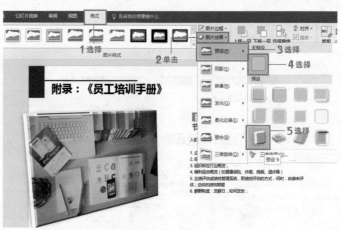

图5-45 添加预设效果

技巧拓展

使用图片的预设效果,一方面节约用户的编辑设计时间成本,另一方面,由于预设效果是基于专业设计确定的方案,美观大方,且应用广泛。因此根据用户需求善用预设效果在工作中是个不错的选择,但是也要考虑与表达主题的一致性,避免使用预设效果导致的不良结果。

Extra Tip〉〉〉〉〉〉〉〉〉〉〉

实例 093

为图片添加阴影效果

问题介绍: 阴影是对光源的即时反映,为了体现图片的更多细节或显示出立体感,设计者们往往会为图片添加不同方向以及不同层次的阴影,以实现对图片内容的完全解读。

❶ 在PowerPoint 2016中打开 "素材\第05章\实例093\入职员工培训.pptx"演示文稿,在第7张幻灯片中选择需要添加阴影效果的图片。

❷ 选择 "图片工具—格式"选项卡,在 "图片样式"选项组中单击 "图片效果"下拉按钮,在展开的列表中选择 "阴影"选项,然后在子列表中选择 "透视:下"选项,如图5-46所示。

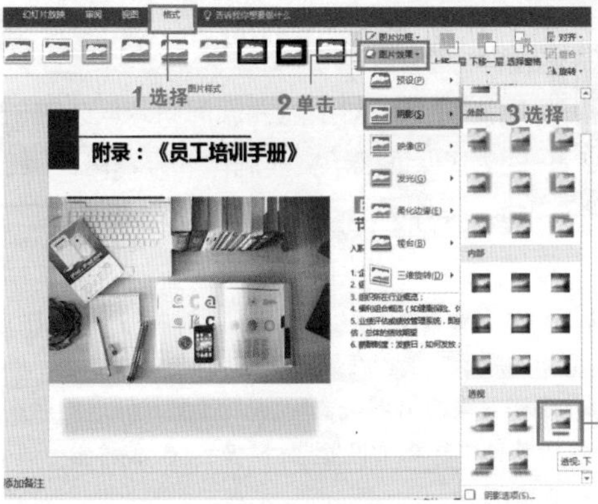

图 5-46 添加阴影效果

技巧拓展

a.用户可以在"图片样式"选项组中单击"图片效果"下拉按钮，在展开的列表中选择"阴影"选项，选择"阴影选项"选项，如图 5-47 所示。

b.在打开的"设置图片格式"导航窗格中单击"效果"按钮○，在"阴影"区域"预设"列表中选择"偏移：上"效果，同时将"距离"设置为"30磅"，如图 5-48 所示。为图片添加阴影的效果如图 5-49 所示。

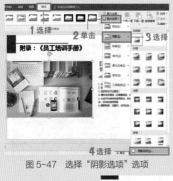

图 5-47 选择"阴影选项"选项

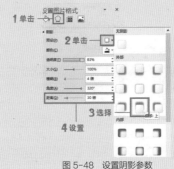

图 5-48 设置阴影参数

图 5-49 显示阴影效果

Extra Tip >>>>>>>>>>>

第1章 第2章 第3章 第4章 第5章 第6章 第7章 第8章 第9章 第10章 第11章 第12章

实例 094

为图片添加映像效果

难度系数： ★★★
适用版本：07/10/13/16

问题介绍： 对于需要面向新入职人员的培训类演示文稿，公司为了保证演示文稿制作效果精良，小红用精益求精的态度为每一张插入的图片精心添加显示效果。

❶ 在 PowerPoint 2016 中打开"素材\第05章\实例094\入职员工培训.pptx"演示文稿，在第7张幻灯片中选择需要添加倒影效果的图片并单击鼠标右键，在弹出的快捷菜单中选择"设置图片格式"命令，如图 5-50 所示。

❷ 在打开的"设置图片格式"导航窗格中，单击"效果"按钮，单击"映像"区域中"预设"下拉按钮，然后在展开的列表中选择"半映像：4磅 偏移量"选项，如图 5-51 所示。

图 5-50 选择"设置图片格式"命令

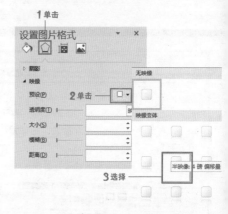

图 5-51 选择半映像效果

❸ 根据图片整体效果，调整其他参数，此处设置"大小"的值为31%，如图 5-52 所示。

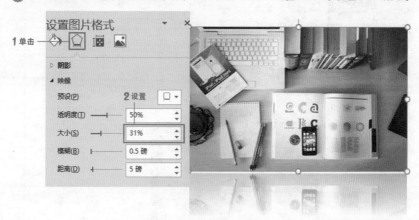

图 5-52 更改映像"大小"值

第 1 章
第 2 章
第 3 章
第 4 章
第 5 章
第 6 章
第 7 章
第 8 章
第 9 章
第 10 章
第 11 章
第 12 章

技巧拓展

映像效果包括紧密映像、半映像和全映像3类。当然用户也可以在选择映像类型后，通过设置细节参数对映像效果进行再调整，如图 5-53所示。

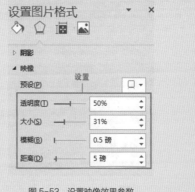

图 5-53　设置映像效果参数

Extra Tip > > > > > > > > > > > >

实例 095 　为图片添加发光效果

问题介绍：为了渲染出嵌入图片的朦胧美感，小红想用光晕修饰图片。PowerPoint 2016为图片修饰准备了发光效果，下面介绍如何添加图片的发光效果。

❶ 在PowerPoint 2016中打开"素材\第05章\实例095\入职员工培训.pptx"演示文稿，在第7张幻灯片中选择需要添加发光效果的图片并单击鼠标右键，在弹出的快捷菜单中选择"设置图片格式"命令，如图 5-54所示。

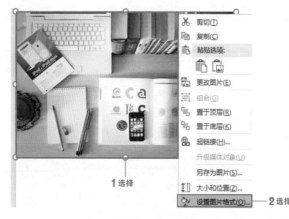

图 5-54　选择"设置图片格式"命令

高效能人士 的 PPT 办公秘技 300 招

第1章
第2章
第3章
第4章
第5章
第6章
第7章
第8章
第9章
第10章
第11章
第12章

❷ 在打开的"设置图片格式"导航窗格中，单击"效果"按钮，单击"发光"区域"预设"下拉按钮，然后在展开的列表中选择"发光：11磅；灰色，主题色"选项，如图 5-55 所示。

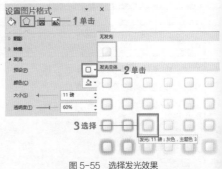

图 5-55　选择发光效果

❸ 根据图片整体效果，调整其他参数，此处设置"大小"的值为"31磅"，如图 5-56所示。

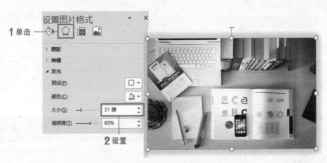

图 5-56　设置发光效果参数

技巧拓展

　　修改图片的发光效果时，主要通过更改发光的颜色、光晕的大小以及显示的透明度等参数达到想要的显示效果。

Extra Tip ＞＞＞＞＞＞＞＞＞＞＞＞

实例 096

柔化图片边缘

问题介绍： 边缘柔化是指使图像边缘看起来更平滑、更接近实物的效果。根据幻灯片背景和图片边界的匹配程度，小红决定采用柔化图片边缘的方法，模糊处理图片分界线。

❶ 在PowerPoint 2016中打开"素材\第05章\实例096\组织结构设计管理培训.pptx"演示文稿，切换至第14张幻灯片，选择需要柔化边缘的图片，选择"图片工具—格式"选项卡，单击"图片样式"选项组的对话框启动器按钮，如图 5-57所示。

② 在打开的"设置图片格式"导航窗格中单击"效果"按钮◎，在"柔化边缘"区域中单击"预设"下拉按钮，在展开的列表中选择"25磅"选项，如图 5-58 所示。

图 5-57　打开"设置图片格式"导航窗格

图 5-58　设置柔化边缘

③ 通过调整柔化范围的大小，设计出合适的图片样式，如图 5-59 所示。

图 5-59　显示效果

技巧拓展

　　需要注意的是，若柔滑边缘值设置过小，仍会使图片线条显得生硬；柔滑边缘值设置过大，会影响图片本身的效果。

Extra Tip > > > > > > > > > > > >

实例 097

为图片添加棱台效果

问题介绍： 棱台效果是视觉冲击力比较强的三维效果，可以明显地增强幻灯片的视觉感受。小红在进行演示文稿编辑时，为了使图片视觉效果更强烈，想为图片添加棱台效果，具体操作如下。

① 在PowerPoint 2016中打开"素材\第05章\实例097\入职员工培训.pptx"演示文稿，切换至第7张幻灯片，在需要添加棱台效果的图片上右击，在弹出的快捷菜单中选择"设置图片格式"命令，如图 5-60 所示。

② 打开"设置图片格式"导航窗格，单击"效果"按钮♡，单击"三维格式"区域中"顶部棱台"下三角按钮，在展开的列表中选择"圆形"选项，接着单击"材料"下三角按钮，在展开的列表中选择"硬边缘"选项，如图 5-61 所示。

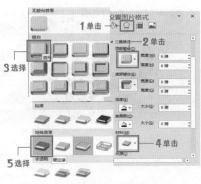

图 5-60　选择"设置图片格式"命令　　　　　　图 5-61　设置三维格式

③ 根据图片整体效果，微调其他参数，此处在"顶部棱台"区域设置"宽度"为"20磅"，设置"高度"为"40磅"，如图 5-62 所示。

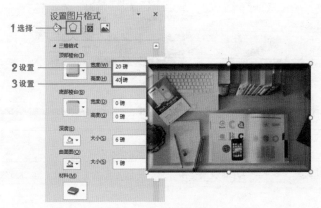

图 5-62　设置"顶部棱台"参数

技巧拓展

　　在"三维格式"的图片效果选项中，除了"顶部棱台"和"底部棱台"外，"深度""曲线图""材料"和"光源"等参数均是有助于补充图片立体真实感的细节参数设置，需要通过多次反复调整，才能确定更为合适的图片效果。

Extra Tip>>>>>>>>>>>

实例 098

为图片添加三维旋转效果

问题介绍： 在放映演示文稿的时候，尤其是制作产品展示演示文稿时，受众群通常都会有呈现360度视角的潜在要求。小红在考虑到这个现象后，打算添加三维旋转效果。

❶ 在PowerPoint 2016中打开"素材\第05章\实例098\入职员工培训.pptx"演示文稿，在左侧导航窗格中选择第7张幻灯片，选择需要添加发光效果的图片并单击鼠标右键，在弹出的快捷菜单中选择"设置图片格式"命令，如图5-63所示。

❷ 在打开的"设置图片格式"导航窗格中单击"效果"按钮，单击"三维旋转"区域"预设"下拉按钮，然后在展开的列表中选择"透视：右向对比"选项，如图 5-64 所示。

图 5-63　选择"设置图片格式"命令

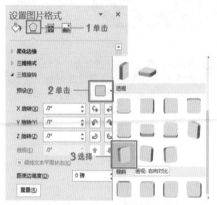

图 5-64　选择透视效果

❸ 根据图片整体效果，微调其他各项参数，效果如图 5-65 所示。

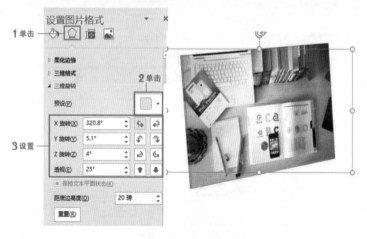

图 5-65　调整透视参数

第1章
第2章
第3章
第4章
第5章
第6章
第7章
第8章
第9章
第10章
第11章
第12章

技巧拓展

　　要手动设置三维旋转效果，可以分别设置X轴、Y轴、Z轴的旋转角度，以及透视和距底边高度等参数。

Extra Tip>>>>>>>>>>>>

实例 099

将图形对象保存为图片

问题介绍： 小红在检索优秀的演示文稿作品时，一旦发现整体设计排版或者颜色匹配悦目的图形结构，会想办法保存为图片格式，并收藏下来为之后的编辑和设计提供思路。

① 在PowerPoint 2016中打开"素材\第05章\实例099\组织结构设计管理培训.pptx"演示文稿，在第9张幻灯片中选择需要保存的图形并右击，在弹出的快捷菜单中选择"另存为图片"命令，如图 5-66所示。

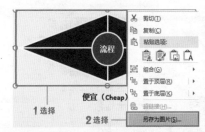

图 5-66　选择"另存为图片"命令

② 在打开的"另存为图片"对话框中修改文件名和保存路径，单击"保存"按钮，即可将所选图形保存为图片，如图 5-67所示。

图 5-67　修改文件名和保存路径

第 5 章 PPT 的背景与图片

第1章
第2章
第3章
第4章
第5章
第6章
第7章
第8章
第9章
第10章
第11章
第12章

技巧拓展

如果仅仅是保存图形而忽略原图形的文字，只需要删除文字再保存。对于由多个对象组合而成的图形，如果只需要其中一部分，则先选中图形并右击，在弹出的快捷菜单中选择"取消组合"命令，然后重新选择图形再保存。

Extra Tip ＞ ＞ ＞ ＞ ＞ ＞ ＞ ＞ ＞ ＞ ＞ ＞

将艺术字保存为图片

问题介绍： 设计精美的艺术字本就是一种艺术作品，在修饰幻灯片时，如果发现有些艺术字既美观又实用时，总会希望保存下来以后使用。那么，如何将艺术字保存为图片呢？

❶ 在 PowerPoint 2016 中打开"素材\第05章\实例100\组织结构设计管理培训.pptx"演示文稿，在第1张幻灯片中选择需要保存的艺术字并右击，在弹出的快捷菜单中选择"另存为图片"命令，如图 5-68 所示。

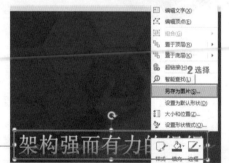

图 5-68　把艺术字另存为图片

❷ 在打开的"另存为图片"对话框中修改文件名和保存路径，单击"保存"按钮，即可将所选艺术字保存为图片，如图 5-69 所示。

图 5-69　修改保存的文件名和路径

第1章
第2章
第3章
第4章
第5章
第6章
第7章
第8章
第9章
第10章
第11章
第12章

技巧拓展

字体设计是艺术字形成的专业基础，既可以包含艺术效果，又能表达人文精神，是蕴含美感的信息载体。作为艺术加工的实用字体，好的艺术字字体整齐、醒目、美观、易认，是开展宣传、教育不可缺少的工具，如横幅标语、黑板报、墙报、会场布置、展览会以及商品包装和装潢。各类广告、报刊杂志和书籍的装帖上，往往可见设计精良的艺术字文化，因此将艺术字保存为图片已经成为必要的学习和展示手段。

Extra Tip>>>>>>>>>>>>>

职场小知识

踢猫效应

简介： 一个人，尤其是位高者，在转移其挫折或不满时，为了不迁怒旁侧，就急需了解情绪的调节及合理发泄的途径。

"踢猫效应"也可以称为"踢狗效应"，是一种隐喻，表示在组织或是家庭中那些位阶较高的人，可能会以责罚位阶较低的人来转移其挫折或不满，而位阶较低的人也会以类似的方式将挫折发泄给位阶更低的人，因此产生了连锁反应。举例来说，爸爸在公司被老板责骂，回家后开始骂小孩，小孩因此而不开心，于是将情绪转移到家猫身上，于是去踢猫。

心理学研究中认为"踢猫效应"指的是一个人的恶劣情绪反应很容易波及他人的情绪。孔子曾经赞美颜回不迁怒的美德，正是因为不迁怒很难，所以它才会是一种美德。为什么我们时常忍不住去迁怒他人，会"踢猫"呢？其实，最早解释这种现象的，是我们所熟知的心理学大师——西格蒙德·弗洛伊德。弗洛伊德对此现象给了一个专业名词——移情。这也可以说是一种自我防卫机制中的置换作用，即将能量从不可触犯的客体，转移到其他可以触犯的客体之上，把脾气发泄到更没有威胁的人身上。当我们在生活或工作中遇到无法应付的焦虑时，会采取自我防卫机制来化解压力。自我防卫机制本身没有绝对好坏优劣之分，它的出现本质上是为了让我们能够适应焦虑，才会在演化史上保存至今。但是如果一个人每次遇事都采取自我防御去躲避问题，不去尝试面对困境以寻求解决办法，那么相当于这个人已经失去真正地面对和处理问题的能力。

中国古话说得好：克己复礼。就是遇事从容，能理智控制好自己的情绪，与人为善，给周边疲倦的心灵以安慰与鼓励，也就是我们常说的"己所不欲，勿施于人"的确，在竞争白热化的今天，时时保持豁达的姿态，以及换位思考的意识，很具挑战性。然而，在压力下还能保持风度，意味着人格魅力的提升。

Chapter 6

第6章

PPT 的
版式与设计

版式设计属于PPT设计中极具创造力的领域，前面介绍的字体设计和图形设计实际上是版式设计的前奏，为了客观、明确、有效地传达信息，仅仅关注这两者是完全不够的。版式设计着眼于全局，既包括文字字体、图片图形，又包括线条线框、颜色色块等诸多因素，因而在演示文稿的制作中占有相当重要的地位。

本章主要介绍PPT版式与设计的实操技能，包括应用及更改幻灯片版式，应用及自定义幻灯片主题方案，设置主题颜色和背景样式，进入和退出幻灯片母版，统一设置幻灯片的文本格式、项目符号以及页眉和页脚，为所有幻灯片添加Logo等内容，属于版式设计的基本操作，难度适中。

实例 101

为幻灯片设置渐变背景

问题介绍： 小红在进行演示文稿版式设计时，想为幻灯片背景设置渐变色，可是不知道该怎么操作。下面为大家介绍为幻灯片设置背景渐变色的操作方法，具体如下。

① 打开演示文稿，切换至"设计"选项卡，单击"自定义"选项组中的"设置背景格式"按钮，如图6-1所示。

图 6-1　单击"设置背景格式"按钮

单击

② 打开"设置背景格式"导航窗格，选择"渐变填充"单选按钮，如图6-2所示。

③ 然后单击"渐变预设"下拉按钮，在展开的下拉列表中选择合适的渐变色选项，即可为幻灯片设置渐变背景，如图6-3所示。

图 6-2　选择"渐变填充"单选按钮

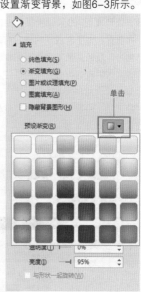

图 6-3　选择渐变色选项

技巧拓展

设置好幻灯片的渐变背景后，用户还可以根据需要对渐变类型进行修改。在"设置背景格式"导航窗格中单击"类型"下拉按钮，在下拉列表中选择"矩形"选项，即可重新修改渐变背景的类型。

Extra Tip ＞＞＞＞＞＞＞＞＞＞＞＞＞＞

实例 102

应用幻灯片版式

问题介绍： 幻灯片版式包含文本、视频、图片、图表、形状、剪贴画、背景等内容的占位符，版式设计包括颜色、字体以及用户希望文本和其他内容在幻灯片上的排列方式。

在PowerPoint 2016中打开"素材\第06章\实例102\述职报告.pptx"演示文稿。选择"开始"选项卡，在"幻灯片"选项组中单击"版式"下拉按钮，在展开的"Office 主题"下拉列表中选择"空白"版式，即应用没有添加任何标题栏或内容框的版式，如图 6-4所示。

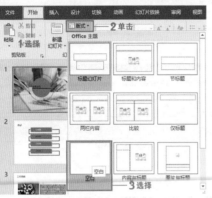

图 6-4　选择"空白"版式

图 6-5　重置版式

技巧拓展

如果对设置的幻灯片版式不满意，通过在"幻灯片"选项组中单击"重置"按钮，即可恢复原有版式，如图6-5所示。

Extra Tip ▶▶▶▶▶▶▶▶▶▶▶▶

实例 103

更改幻灯片版式

问题介绍： 每一张幻灯片都可以插入不同的版式。小红在做主题页幻灯片设计时，想在原有背景格式上更改幻灯片版式。下面为大家介绍如何更改幻灯片版式。

❶ 在PowerPoint 2016中打开"素材\第06章\实例103\述职报告.pptx"演示文稿。

❷ 右击幻灯片空白处，在弹出的快捷菜单中选择"版式"命令，在展开的列表中选择"内容与标题"版式选项，即可更改原有的幻灯片版式，如图 6-6所示。

第 1 章
第 2 章
第 3 章
第 4 章
第 5 章
第 6 章
第 7 章
第 8 章
第 9 章
第 10 章
第 11 章
第 12 章

图6-6 更改幻灯片版式

技巧拓展

尽管PowerPoint 2016已经为幻灯片预设了很多基本的版式，但是如果因为内容需要仍找不到合适的预设样式，还可以通过插入自定义版式进行版式更改。

a.在PowerPoint 2016中打开"素材\第06章\实例103\述职报告.pptx"演示文稿，选择"视图"选项卡，在"母版视图"选项组中单击"幻灯片母版"按钮，如图6-7所示。

图6-7 打开幻灯片母版

b.在新打开的"幻灯片母版"选项卡下单击"插入版式"按钮，如图6-8所示，即可以在新插入的版式下进行自定义操作。

c.单击"关闭母版视图"切换回普通视图。选择"开始"选项卡，在"幻灯片"选项组中单击"版式"下拉按钮，在展开的"Office主题"下拉列表中选择"自定义版式"选项，如图6-9所示。

图6-8 插入版式

图6-9 选择"自定义版式"选项

实例
104

应用幻灯片主题方案

问题介绍： PowerPoint 2016为用户提供了多种主题，使用预设的主题样式，可以令用户在制定幻灯片的版式以及颜色等内容时更方便、快捷。

① 在PowerPoint 2016中打开"素材\第06章\实例104\述职报告.pptx"演示文稿，选择"设计"选项卡，在"主题"选项组中单击"其他" ▼ 按钮。

② 然后在展开的下拉列表中的"自定义"区域中选择合适的主题方案，如图 6-10所示。

图 6-10　选择主题方案

技巧拓展

　　除了"自定义"区域中的主题方案外，"Office"区域中也有很多可供选择的主题方案。在展开的下拉列表中选择"Office"区域中的"水滴"主题，如图6-11所示。除此之外，用户还可以打开保存路径"C:\Users\Administrator\AppData\Roaming\Microsoft\Templates\Document Themes"进入幻灯片主题库，直接选择"*.thmx"文件。

图 6-11　选择"水滴"主题

Extra Tip＞＞＞＞＞＞＞＞＞＞＞＞＞

实例
105

自定义幻灯片主题

问题介绍： 在PPT中，用户可以通过更改内置主题样式来创建自己的主题，例如自定义颜色、字体和效果等，而且，用户还可以将这些设置保存为主题库中的新主题。

① 在PowerPoint 2016中打开"素材\第06章\实例105\述职报告.pptx"演示文稿，选择"设计"选项卡，在"主题"选项组中单击▾按钮，然后在展开的下拉列表中的Office区域中选择合适的主题方案，如图 6-12所示。

图 6-12　选择主题方案

② 在"变体"选项组中直接选择预设的"框架"版式，如图 6-13所示。

图 6-13　设置变体

技巧拓展

对于"自定义"区域中的幻灯片主题，用户无法通过变体进一步设计，只有"Office"区域中的主题可以通过"变体"下拉列表中的"颜色""字体""效果"以及"背景样式"选项进一步设置。

Extra Tip▷ ﹥﹥﹥﹥﹥﹥﹥﹥﹥﹥

第 1 章

第 2 章

第 3 章

第 4 章

第 5 章

第 6 章

第 7 章

第 8 章

第 9 章

第 10 章

第 11 章

第 12 章

实例 106　更改幻灯片主题颜色

问题介绍： 小红最近在修改同事发来的PPT时，发现演示文稿的主题颜色在文件保存和传送过程中，由默认的深蓝色变成了与主题极为不搭的其他颜色。如果一张张恢复，费时费力，该怎么办呢？

❶ 在PowerPoint 2016中打开"素材\第06章\实例106\述职报告.pptx"演示文稿，选择"设计"选项卡，在"变体"选项组中单击 ▾ 按钮，如图 6-14 所示。

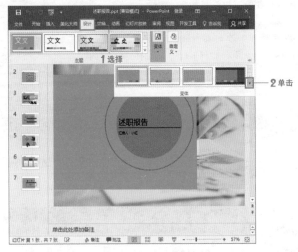

图 6-14　打开"变体"下拉列表

❷ 在展开的下拉列表中选择"颜色"选项，在子列表中选择"字幕"颜色模式，如图 6-15 所示。

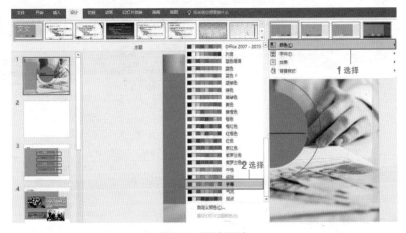

图 6-15　更改主题颜色

技巧拓展

用户还可以在幻灯片母版中进行幻灯片主题颜色的更改。

a.选择"视图"选项卡，在"母版视图"选项组中单击"幻灯片母版"按钮，如图 6-16 所示。

图 6-16　单击"幻灯片母版"按钮

b.在新打开的"幻灯片母版"选项卡中的"背景"选项组中单击"颜色"按钮，在展开的下拉列表中选择"字幕"预设模式，如图 6-17 所示。

图 6-17　更改主题颜色模式

实例 107　设置幻灯片背景样式

问题介绍：小红经常在一些专门的论坛下载 PPT 模板以备用，但是她发现很多的背景样式不能直接使用，想修改背景样式，却又不知道从何入手。

① 在 PowerPoint 2016 中打开"素材\第06章\实例107\述职报告.pptx"演示文稿，选择"设计"选项卡，在"变体"选项组中单击 ▾ 按钮，如图 6-18 所示。

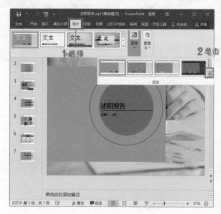

图 6-18　打开"变体"下拉列表

❷ 在展开的下拉列表中选择"背景样式"选项，接着在子列表中选择"样式9"选项，如图6-19所示。

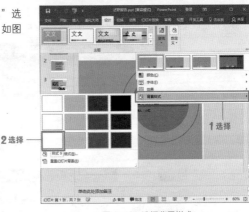

图 6-19　选择背景样式

技巧拓展

更改幻灯片背景样式也可以利用快捷菜单来实现。

a.右击幻灯片空白处，在弹出的快捷菜单中选择"设置背景格式"命令，如图 6-20 所示。

b.在打开的"设置背景格式"导航窗格的"填充"区域中选择需要的填充类型，此处选择"图案填充"单选按钮，并在可选图案列表中选择合适的图案，如图 6-21 所示。

图 6-20　选择"设置背景格式"命令　　图 6-21　选择"图案填充"单选按钮

Extra Tip ＞＞＞＞＞＞＞＞＞＞＞

实例 108

进入和退出幻灯片母版视图

问题介绍： 母版功能十分强大，主要用于为幻灯片设置统一的格式，一次编辑永久使用。下面介绍如何进入和退出幻灯片母版视图。

① 在PowerPoint 2016中打开"素材\第06章\实例108\述职报告.pptx"演示文稿，选择"视图"选项卡，在"母版视图"选项组中单击"幻灯片母版"按钮，即进入幻灯片母版视图，如图 6-22所示。

图 6-22　进入幻灯片母版视图

② 在新打开的"幻灯片母版"选项卡中单击"关闭母版视图"按钮，即可退出母版视图，如图6-23所示

图 6-23　退出幻灯片母版视图

一次性设置所有幻灯片背景

问题介绍：小红在浏览同事做的演示文稿时，发现其中一张插图的配色富含韵味，想要将整篇演示文稿都换成同款配色的背景样式。下面介绍一次性设置所有幻灯片背景的操作方法。

① 在PowerPoint 2016中打开"素材\第06章\实例109\述职报告.pptx"演示文稿，选择"视图"选项卡，在"母版视图"选项组中单击"幻灯片母版"按钮，即进入幻灯片母版，如图 6-24所示。

图 6-24　进入幻灯片母版

② 打开"幻灯片母版"选项卡，在"背景"选项组中单击"背景样式"下拉按钮，在展开的下拉列表中选择"设置背景格式"选项，如图 6-25所示。

图 6-25　打开"设置背景格式"导航窗格

❸ 在工作区右侧的"设置背景格式"导航窗格中选择"渐变填充"单选按钮，然后单击"预设渐变"下拉按钮，选择"底部聚光灯一个性色1"渐变类型，接着单击"类型"下拉按钮，选择"矩形"选项，最后单击"全部应用"按钮，即可一次性设置全部幻灯片的背景，如图 6-26 所示。

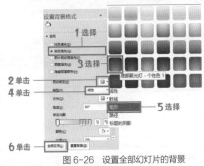

图 6-26　设置全部幻灯片的背景

技巧拓展

　　设置背景格式为渐变填充时，还可以选择性地调整渐变发生的方向、角度、渐变光圈的两种颜色，以及关于颜色显示的透明度等参数。

Extra Tip>>>>>>>>>>>>>

隐藏幻灯片母版的背景图形

问题介绍： 小红在进行演示文稿编辑时，发现之前保存的演示文稿中已经插入了背景图形。如果不想在所有幻灯片中都应用背景图形修饰，该如何让某些幻灯片中的背景图形不显示呢？

❶ 在 PowerPoint 2016 中打开"素材\第06章\实例110\述职报告.pptx"演示文稿，选择"视图"选项卡，在"母版视图"选项组中单击"幻灯片母版"按钮，即进入幻灯片母版视图，如图 6-27 所示。

图 6-27　进入幻灯片母版视图

❷ 打开"幻灯片母版"选项卡，在"背景"选项组中单击"背景样式"下拉按钮，在展开的下拉列表中选择"设置背景格式"选项，如图 6-28 所示。

图 6-28　打开"设置背景格式"导航窗格

③ 在打开的"设置背景格式"导航窗格中勾选"隐藏背景图形"复选框，最后单击"全部应用"按钮，即可隐藏幻灯片母版的背景图形，如图 6-29 所示。

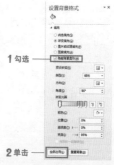

图 6-29 隐藏幻灯片母版的背影图形

技巧拓展

用户也可以直接打开"幻灯片母版"选项卡，在"背景"选项组中勾选"隐藏背景图形"复选框，如图 6-30 所示。

图 6-30 勾选"隐藏背景图形"复选框

Extra Tip >>>>>>>>>>

实例 111　为幻灯片统一设置文本格式

问题介绍: 有时候我们在对 PPT 进行编辑时，如果需要对演示文稿中主要内容的文本格式进行统一设置，若演示文稿页数太多，则一页一页地设置太过麻烦，小红想要批量设置文本格式，该怎么操作呢?

① 在 PowerPoint 2016 中打开"素材\第06章\实例111\演示文稿.pptx"演示文稿，选择"视图"选项卡，在"母版视图"选项组中单击"幻灯片母版"按钮，即可进入幻灯片母版视图，如图 6-31 所示。

② 在"幻灯片母版"选项卡下，选择"单击此处编辑母版标题样式"文本框，如图 6-32 所示。

图 6-31 进入幻灯片母版视图

图 6-32 选择目标文本框

❸ 选择"开始"选项卡，直接在"字体"选项组中单击"字体"下拉按钮，在展开的下拉列表中选择"微软雅黑"选项，如图 6-33 所示。

❹ 返回演示文稿中，查看为幻灯片设置的统一文本格式的效果。

技巧拓展

除了可以为幻灯片设置统一的文本格式外，用户还可以在幻灯片母版视图下为图片以及形状设置统一的格式。

Extra Tip >>>>>>>>>>>>>

图 6-33 选择"微软雅黑"选项

实例 112

为幻灯片统一设置项目符号

难度系数：★★★ 母版版本：07/10/13/16

问题介绍：小红在实际工作中经常需要为演示文稿中的内容应用项目符号和编号，可每次输入内容时，每段开头都是一个黑色圆点样式的项目符号，如果想将黑色圆点换成统一的其他类型符号，该如何进行设置？

❶ 在PowerPoint 2016中打开"素材\第06章\实例112\述职报告.pptx"演示文稿，选中第3张幻灯片，按住Ctrl键连续选中2个目标文本框，如图 6-34所示。

❷ 选择"开始"选项卡，在"段落"选项组中单击"项目符号"下拉的按钮 ☰ ·，在展开的下拉列表中选择"可填充效果的大圆形项目符号"选项，即可将多个文本框不同的项目符号设置成统一项目符号，如图 6-35所示。

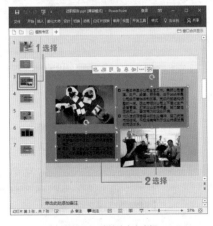

图 6-34 连续选中文本框

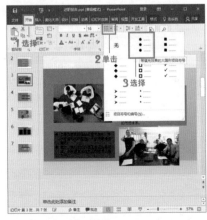

图 6-35 设置统一的项目符号

技巧拓展

将光标定位到需要插入编号的位置并右击，在弹出的快捷菜单中选择"编号"命令，如图6-36所示。在其子菜单中选择合适的编号样式即可，如图6-37所示。

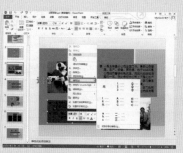

图6-36　选择"编号"命令

图6-37　选择所需的编号样式

Extra Tip＞＞＞＞＞＞＞＞＞＞＞＞

实例 113

在母版中设置页眉和页脚

问题介绍： 在为幻灯片添加页眉和页脚时，小红发现同事两三分钟就完成，而自己总是要手忙脚乱地折腾半天。原来是同事直接通过幻灯片母版设置页眉和页脚。

难度系数：★★★

适用版本：07/10/13/16

① 在PowerPoint 2016中打开"素材\第06章\实例113\述职报告.pptx"演示文稿，选择"视图"选项卡，在"母版视图"选项组中单击"幻灯片母版"按钮，即进入幻灯片母版视图，如图6-38所示。

图6-38　进入幻灯片母版视图

② 打开"幻灯片母版"选项卡，切换到"插入"选项卡，在"文本"选项组中单击"页眉和页脚"按钮，如图6-39所示。

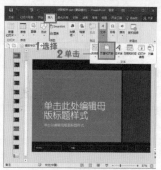

图6-39　单击"页眉和页脚"按钮

❸ 在打开的"页眉和页脚"对话框中选择"幻灯片"选项卡，勾选"页脚"复选框，接着输入"杭州科技公司"文本，单击"全部应用"按钮，如图 6-40所示。

❹ 再次打开"页眉和页脚"对话框，选择"备注和讲义"选项卡，勾选"页眉"复选框，接着输入"初稿"文本，单击"全部应用"按钮，如图6-41所示。

图 6-40　输入页脚内容

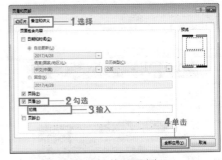

图 6-41　输入页眉内容

技巧拓展

在母版中插入的"页眉"和"页脚"均可以更改其字体的大小、颜色等属性。

a.在幻灯片母版中选择"页脚"文本框。

b.选择"开始"选项卡，单击"字体"选项组的对话框启动器按钮 ⤢，如图 6-42所示。

c.在打开的"字体"对话框中进行设置，如图 6-43所示。

图 6-42　打开"字体"对话框

图 6-43　设置字体样式

Extra Tip ＞＞＞＞＞＞＞＞＞＞＞

实例 114

在母版中插入日期和时间

问题介绍： 小红每次打开PPT都要更改制作日期和时间，既麻烦又浪费时间。其实PowerPoint 2016已经对日期和时间的显示进行了智能化的设计了。

① 在PowerPoint 2016中打开"素材\第06章\实例114\述职报告.pptx"演示文稿，选择"视图"选项卡，在"母版视图"选项组中单击"幻灯片母版"按钮，即进入幻灯片母版视图，如图6-44所示。

图6-44 进入幻灯片母版视图

② 然后切换到"插入"选项卡，在"文本"选项组中单击"日期和时间"按钮，如图6-45所示。

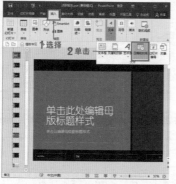

图6-45 单击"日期和时间"按钮

③ 在打开的"页眉和页脚"对话框中选择"幻灯片"选项卡，勾选"日期和时间"复选框，接着选择"自动更新"单选按钮，单击"全部应用"按钮，如图6-46所示。

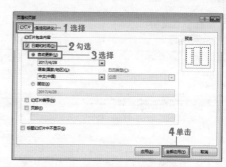

图6-46 选择"自动更新"单选按钮

技巧拓展

在演示文稿中插入日期和时间后，也可对其字体格式进行设置。

a.进入幻灯片母版后，选择"开始"选项卡，在"字体"选项组中单击"字体"下拉按钮，在展开的下拉列表中选择Times New Roman字体选项，如图6-47所示，自动更新的时间和日期字体即可更改。

b.除了插入自动更新的时间和日期外，某些情况下需要一个具体的固定日期标注。打开"页眉和页脚"对话框，勾选"日期和时间"复选框，选中"固定"单选按钮，单击"全部应用"按钮，即可在幻灯片母版中插入固定的日期和时间，如图6-48所示。

图6-47 设置日期和时间的字体样式

图6-48 设置为固定时间和日期

实例
115

为所有幻灯片添加 Logo

问题介绍： 制作公司演示文稿时需要重视知识产权和公司版权的问题，因此学会如何为幻灯片添加Logo以及如何为所有幻灯片统一设置Logo的大小、显示形状等尤为重要。

① 在PowerPoint 2016中打开"素材\第06章\实例115\述职报告.pptx"演示文稿，选择"视图"选项卡，在"母版视图"选项组中单击"幻灯片母版"按钮，即进入幻灯片母版视图，如图6-49所示。

图 6-49　进入幻灯片母版视图

② 在新打开的"幻灯片母版"视图下切换为"插入"选项卡，在"图像"选项组中单击"图片"按钮，如图6-50所示。

③ 在打开的"插入图片"对话框中，选择"素材\第06章\实例115\logo.png"图片，单击"插入"按钮，如图6-51所示。

图 6-50　打开"插入图片"对话框

图 6-51　插入 Logo 图片

④ 选择"开始"选项卡，在"幻灯片"选项组下单击"版式"下拉按钮，在展开的下拉列表中选择"自定义版式"选项，如图6-52所示。效果如图6-53所示。

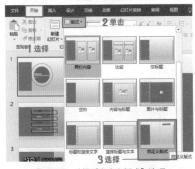

图 6-52　选择"自定义版式"选项

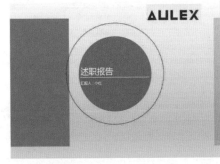

图 6-53　查看插入 Logo 的效果

技巧拓展

对于插入的Logo图片，一般需要进一步的格式调整，以适应幻灯片的整体版式。选择插入的Logo图片，选择"图片工具—格式"选项卡，在"大小"选项组中设置图片的"高度"和"宽度"值，如图 6-54 所示。

图 6-54 设置 Logo 大小

Extra Tip>>>>>>>>>>>>>

实例 116

重命名幻灯片母版

问题介绍：幻灯片母版是演示文稿结构中的顶层幻灯片，用于存储有关演示文稿的主题和版式等信息。如果改变了版式的用途，则需要重命名幻灯片母版。

① 在PowerPoint 2016中打开"素材\第06章\实例116\述职报告.pptx"演示文稿，选择"视图"选项卡，在"母版视图"选项组中单击"幻灯片母版"按钮，如图 6-55 所示。

图 6-55 进入幻灯片母版

② 在打开的"幻灯片母版"选项卡下，单击"编辑母版"选项组中"重命名"按钮，在打开的"重命名版式"对话框中输入新的名称，最后单击"重命名"按钮，如图 6-56 所示。

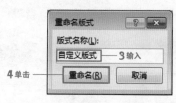

图 6-56 重命名幻灯片母版

第1章
第2章
第3章
第4章
第5章
第6章
第7章
第8章
第9章
第10章
第11章
第12章

技巧拓展

插入新的幻灯片母版后，如果发现其版式设计和所要求的不符，可以选择"幻灯片母版"选项卡，在"编辑母版"选项组中单击"删除"按钮，将插入的幻灯片母版删除，如图 6-57 所示。

图 6-57　删除幻灯片母版

Extra Tip》》》》》》》》》》》》》

实例 117　设计讲义母版

问题介绍： 现在小红需要将演示文稿内容打印出来，以供会议听众使用，这时候适合使用讲义母版。讲义母版的作用是可以将演示文稿设置成讲义的格式以便打印。

① 在PowerPoint 2016中打开"素材\第06章\实例117\述职报告.pptx"演示文稿，选择"视图"选项卡，在"母版视图"选项组中单击"讲义母版"按钮，如图 6-58 所示。

图 6-58　进入讲义母版

② 在"背景"选项组中单击"颜色"下拉按钮，在展开的下拉列表中选择"中性"选项，如图 6-59 所示。

③ 单击"背景样式"下拉按钮，在展开的下拉列表中选择"设置背景格式"选项，如图 6-60 所示。

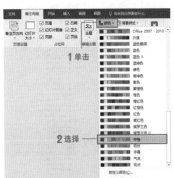

图 6-59　设置母版颜色

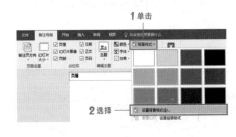

图 6-60　打开"设置背景格式"导航窗格

④ 打开"设置背景格式"导航窗格，选择"渐变填充"单选按钮，如图 6-61 所示。

图 6-61 设置母版背景样式

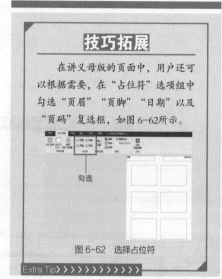
实例 118 设计备注母版

问题介绍： 制作演示文稿时，我们可以把需要展示给观众的内容放在幻灯片里，把辅助说明的内容写在备注里。如果需要把备注打印出来，打印前可以在"打印内容"下拉菜单里进行相应的设置。

① 在 PowerPoint 2016 中打开"素材\第06章\实例118\述职报告.pptx"演示文稿，选择"视图"选项卡，在"母版视图"选项组中单击"备注母版"按钮，如图 6-63 所示。

图 6-63 进入备注母版

② 打开"备注母版"选项卡，在"页面设置"选项组中单击"备注页方向"按钮，在展开的下拉列表中选择"横向"选项，对备注母版的显示方向进行调整，如图 6-64 所示。

③ 在"背景"选项组中单击"颜色"下拉按钮，在展开的下拉列表中选择"中性"选项，如图 6-65所示。

图 6-64 调整备注页方向

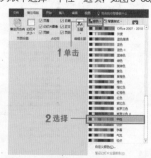

图 6-65 设置颜色

④ 在"背景"选项组中单击"背景样式"下拉按钮，在展开的下拉列表中选择"设置背景格式"选项，如图 6-66 所示。

图 6-66 打开"设置背景格式"导航窗格

⑤ 在打开的"设置背景格式"导航窗格中，选择"渐变填充"单选按钮，背景即变换为如图 6-67 所示的效果。

图 6-67 选择"渐变填充"单选按钮

技巧拓展

　　对背景格式进一步设置，可以选择"纯色填充""图片或纹理填充""图案填充"单选按钮，同时在不同类型的填充面板中仍可继续调整参数，如图 6-68 所示。

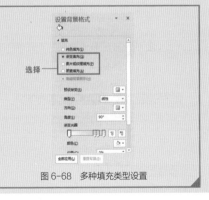

图 6-68 多种填充类型设置

Extra Tip ＞＞＞＞＞＞＞＞＞＞＞＞

实例 119　使用参考线与网格线

问题介绍：网格线和参考线在PPT版式设计中是很重要的工具。网格线不可以移动，但可以通过相应的设置改变网格大小，用户可以利用网格线调整形状以及图片的大小。

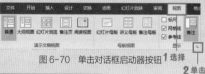

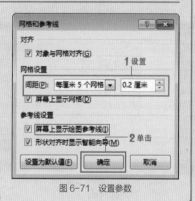

① 在PowerPoint 2016中打开"素材\第06章\实例119\团队培训.pptx"演示文稿,在第8张幻灯片中选中需要进行调整的图片。

② 选择"视图"选项卡,在"显示"选项组中分别勾选"网络线"和"参考线"复选框,如图 6-69 所示。

图 6-69　勾选"网格线"和"参考线"复选框

技巧拓展

如果需要对用于调整的网格线参数进行进一步的设置,可以按下列步骤操作:选择"视图"选项卡,在"显示"选项组中单击对话框启动器按钮,如图 6-70所示;然后在打开的"网络和参考线"对话框中,对"网络设置"区域的"间距"进行设置,如图 6-71所示。

图 6-70　单击对话框启动器按钮

图 6-71　设置参数

Extra Tip

实例 120

使用标尺

问题介绍: 小红在工作中有时会需要根据版式将多个对象进行对齐排列。在演示文稿中显示标尺,以便用户精确调整对象在幻灯片上的位置。

① 在PowerPoint 2016中打开"素材\第06章\实例120\团队培训.pptx"演示文稿,选中第7张幻灯片,选择"视图"选项卡,在"显示"选项组中勾选"标尺"复选框。

② 在工作区的上方显示的标尺如图 6-72所示。

图 6-72　显示标尺

技巧拓展

用户在使用PowerPoint 2016调整对象的相对版面位置时,可以使用"形状对齐时显示智能向导"功能。在不需要精确对齐的情况下也可以取消标尺显示,即在"视图"选项卡中取消勾选"标尺"复选框,如图 6-73所示。

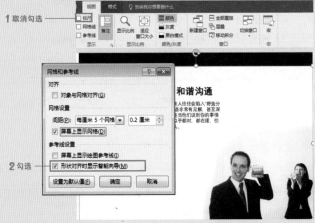

图 6-73　取消显示标尺

第1章
第2章
第3章
第4章
第5章
第6章
第7章
第8章
第9章
第10章
第11章
第12章

职场小知识

雷鲍夫法则

简介：您、咱们、谢谢您……八条语言交往法则，让您构建起良好的合作与信任关系。

何谓雷鲍夫法则？

作为管理界语言交往方面的经典法则，雷鲍夫法则的应用性极强。不同于其他的管理学法则，雷鲍夫法则不仅关注交流双方的心理变化，还提出了有效的细节解决方案。因而，不管是在学术领域还是实际商战管理中，它都产生了显著的影响。

美国管理学家雷鲍夫总结提炼了六条用于交流与沟通的法则，还有两条由别人补充，用于在表达一种观点时，在认识自我和尊重他人的前提下构建良好的合作与信任关系。下面是八条法则的具体内容：

1.最重要的八个字是：我承认我犯过错误；

2.最重要的七个字是：你干了一件好事；

3.最重要的六个字是：你的看法如何；

4.最重要的五个字是：咱们一起干；

5.最重要的四个字是：不妨试试；

6.最重要的三个字是：谢谢您；

7.最重要的两个字是：咱们；

8.最重要的一个字是：您。

显然，从一至八是层层递进的关系，更是对沟通与交流中尊重他人与认识自己理念的深入理解过程。一个发自内心的"您"，将合作的对方摆在了受尊重的正确位置上，既为他人带来一种受关注、被理解的愉快感，又体现自己交往中的能为他人考虑的良好行为细节。短短"咱们"二字意味深长，建立合作即是将双方看成和谐统一的整体，"咱们"是你中有我、我中有你、相互尊重、相互帮助，这种平等合作的心理有利于避免因一方专横武断而引起的交流困境，更有利于合作体的发展壮大。"谢谢您""不妨试试""咱们一起干""你的看法如何""你干了一件好事"以及"我承认我犯过错误"更多地从细节上力行交流的原则，更多地在实际应用环境中以合适的形式出现。其中最重要的八个字反映一种主动自省、主动认错的心理，能身体力行做到这一点，并且是真正地发自内心，贯彻到底，往往会产生出人意料的良好效果。最重要的七个字表现在反省自身的同时一定要注意回应别人的反应，学会关注，然后鼓励别人。

对法则的解读纵使有千种万种，也需要通过认真理解和切实执行才能收获硕果。生活中的每天都是练习场，经常运用雷鲍夫法则，会让你事半功倍。

Chapter 7

第7章
PPT 的
音频与视频

为了使演示文稿更具有特色，使其更美观，还可以在PPT中插入音频和视频文件来丰富演示文稿内容，本章将利用20个实例为大家介绍在PPT中插入音频和视频文件的相关技巧，比如如何插入声音文件、如何插入视频文件、如何设置播放选项、如何剪裁多余的音频、如何在视频中插入书签等。

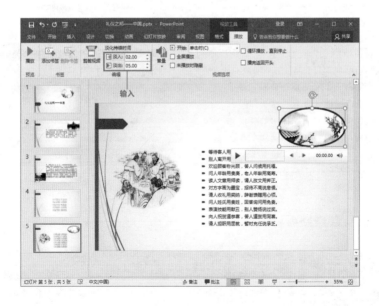

第1章

第2章

第3章

第4章

第5章

第6章

第7章

第8章

第9章

第10章

第11章

第12章

实例 121

插入声音文件

问题介绍： 公司办公人员小佳在创建演示文稿时想在幻灯片中插入声音文件，可是她不知道应该怎样操作。下面为大家介绍如何在演示文稿插入声音文件。

① 在PPT中打开"素材\第7章\实例121\礼仪之邦——中国.pptx"演示文稿，选中需要插入声音文件的幻灯片，选择"插入"选项卡，在"媒体"选项组中单击"音频"下拉按钮，选择"PC上的音频"选项，如图 7-1所示。

② 弹出"插入音频"对话框，选择需要插入的声音文件，单击"插入"按钮，即可在幻灯片中快速插入声音文件，如图 7-2所示。

图 7-1 选择"PC 上的音频"选项

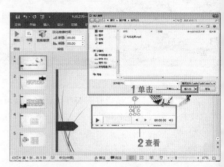

图 7-2 插入声音文件

技巧拓展

选择"音频工具—格式"选项卡，单击"图片样式"选项组的对话框启动器按钮，在弹出的"设置图片格式"导航窗格中选中"纯色填充"单选按钮，即可设置音频播放按钮样式，如图 7-3所示。

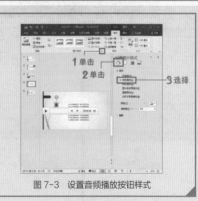

图 7-3 设置音频播放按钮样式

实例 122

插入录制的音频

问题介绍： 要进行语文考试的王老师需要在新创建的演示文稿中插入自己录制的音频，可是他不知道应该怎样操作，感到很苦恼。下面为大家介绍如何在演示文稿中插入音频。

① 在PPT中打开"素材\第7章\实例122\诗经.pptx"演示文稿，选中需要插入录制音频文件的幻灯片，选择"插入"选项卡，在"媒体"选项组中单击"音频"下拉按钮，选择"录制音频"选项，如图 7-4所示。

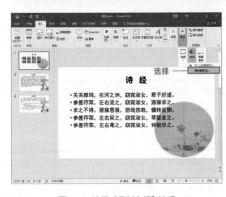

图 7-4 选择"录制音频"选项

② 弹出"录制声音"对话框，在"名称"文本框中输入声音名称，单击"录制"按钮，如图 7-5所示。

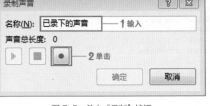

图 7-5 单击"录制"按钮

③ 录制完成后单击"停止"按钮，然后单击"确定"按钮，即可完成声音的录制操作，如图 7-6所示

图 7-6 完成录制

技巧拓展

在"录制声音"对话框中单击"播放音频"按钮，即可播放音频文件，如图 7-7所示。

图 7-7 播放音频文件

Extra Tip ＞ ＞ ＞ ＞ ＞ ＞ ＞ ＞ ＞ ＞ ＞

实例 123

设置音频播放按钮样式

问题介绍：公司办公人员小敏在演示文稿中插入音频文件后，对播放按钮样式不满意，因此她想重新设置音频播放按钮样式，可是又不知道应该怎样操作。

第1章

第2章

第3章

第4章

第5章

第6章

第7章

第8章

第9章

第10章

第11章

第12章

1 在PPT中打开"素材\第7章\实例123\礼仪之邦——中国.pptx"演示文稿，选中音频按钮，选择"音频工具—格式"选项卡，在"图片样式"选项组中选择满意的样式，此处选择"双框架，黑色"样式，如图 7-8所示。

图 7-8　选择满意的按钮样式

2 设置完成后查看效果，如图 7-9所示。

图 7-9　查看效果

技巧拓展

　　选中音频按钮并右击，选择"设置图片格式"命令。在弹出的"设置图片格式"导航窗格中设置按钮的样式，如图 7-10所示。

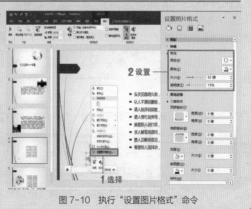

图 7-10　执行"设置图片格式"命令

实例 124

播放音频

问题介绍： 公司办公人员小敏在演示文稿中插入声音文件后，需要对此音频进行播放操作，可是他不知道应该怎样操作。下面为大家介绍如何播放演示文稿中的音频文件。

① 在PPT中打开"素材\第7章\实例124\礼仪之邦——中国.pptx"演示文稿。

② 选择"音频工具—播放"选项卡，在"预览"选项组中单击"播放"按钮，即可播放音频文件，如图7-11所示。

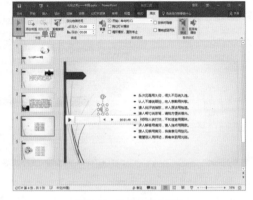

图 7-11　单击"播放"按钮

技巧拓展

用户可以按Alt+P组合键，快速播放音频，也可以选中音频按钮并右击，执行"预览"命令，播放音频文件，如图 7-12 所示。

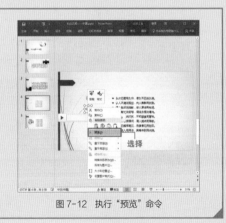

图 7-12　执行"预览"命令

Extra Tip ＞ ＞ ＞ ＞ ＞ ＞ ＞ ＞ ＞ ＞ ＞

实例 125

设置播放选项

问题介绍： 公司办公人员小黄在演示文稿中插入了音频文件后，想对新插入的音频文件设置播放选项，该应该怎样操作呢？

① 在PPT中打开"素材\第7章\实例125\家电产品市场分析.pptx"演示文稿。

② 选择"音频工具—播放"选项卡，在"音频选项"选项组中勾选"循环播放，直到停止""播完返回开头"复选框，如图 7-13所示。

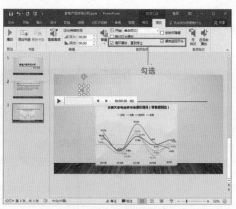

图 7-13　勾选相关复选框

技巧拓展

在"音频工具—播放"选项卡的"音频样式"选项组中单击"在后台播放"按钮，即可设置音频剪辑以跨背景中的幻灯片连续播放，如图 7-14所示。

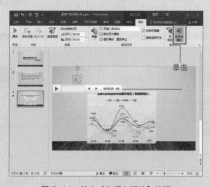

图 7-14　单击"在后台播放"按钮

Extra Tip▶ ▶ ▶ ▶ ▶ ▶ ▶ ▶ ▶ ▶ ▶

实例 126

在音频中插入书签

问题介绍：公司办公人员小陈在演示文稿中插入音频文件后，想要在音频中插入书签，可是他不知道应该怎样操作。下面为大家介绍如何在音频中插入书签。

① 在PPT中打开"素材\第7章\实例126\关于成功.pptx"演示文稿，选择"音频工具—播放"选项卡，在"书签"选项组中单击"添加书签"按钮，如图 7-15所示。

② 即可在音频01:18.50的位置添加一个书签，如图 7-16所示。

图 7-15 单击"添加书签"按钮

图 7-16 查看添加书签的效果

技巧拓展

如果需要删除书签，用户可以先单击"预览"选项组中的"播放"按钮，然后单击"书签"选项组中的"删除书签"按钮，如图 7-17 所示。

图 7-17 删除书签

Extra Tip ▶ ▶ ▶ ▶ ▶ ▶ ▶ ▶ ▶ ▶ ▶ ▶ ▶

实例 127

裁剪音频

问题介绍： 学校王老师在演示文稿中插入音频后，发现音频太长了，因此他需要删除多余的音频，可是不知道应该怎样操作。下面为大家介绍裁剪演示文稿中无用音频的操作方法。

1️⃣ 在PPT中打开"素材\第7章\实例127\诗经.pptx"演示文稿，选中音频播放按钮，选择"音频工具—播放"选项卡，在"编辑"选项组中单击"剪裁音频"按钮，如图 7-18 所示。

2️⃣ 弹出"剪裁音频"对话框，将"开始时间"设为01:00，将"结束时间"设为02:00，单击"确定"按钮，如图 7-19 所示。

第1章

第2章

第3章

第4章

第5章

第6章

第7章

第8章

第9章

第10章

第11章

第12章

图 7-18　单击"剪裁音频"按钮

图 7-19　剪裁音频

❸ 设置完成后查看结果，此时音频时长已经变为1分钟，如图 7-20所示。

图 7-20　查看设置效果

技巧拓展

除了在"开始时间""结束时间"数值框中设置时间来裁剪音频外，用户还可以直接拖动时间轴上的时间滑块来剪裁音频，如图 7-21所示。

图 7-21　拖动时间滑块剪裁音频

Extra Tip ＞ ＞ ＞ ＞ ＞ ＞ ＞ ＞ ＞ ＞ ＞ ＞

实例 128

使用旁白声音

问题介绍： 语文老师陈老师在制作完演示文稿并播放时，想用旁白声音来对演示文稿内容进行补充，可是他不知道应该怎样操作。

① 在PPT中打开"素材\第7章\实例128\李白诗歌鉴赏.pptx"演示文稿，选择"幻灯片放映"选项卡，在"设置"选项组中单击"录制幻灯片演示"下拉按钮，选择"从头开始录制"选项，如图 7-22所示。

② 弹出"录制幻灯片演示"对话框，勾选"旁白、墨迹和激光笔"复选框，单击"开始录制"按钮，如图 7-23所示。

图 7-22　选择"从头开始录制"选项

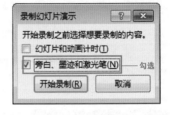

图 7-23　勾选"旁白、墨迹和激光笔"复选框

③ 系统将自动播放幻灯片，弹出"录制"对话框，并显示录制时间，如图 7-24所示。

④ 如果需要暂停录制旁白，可以单击"暂停录制"按钮，弹出信息提示对话框，如图 7-25所示。

图 7-24　开始录制

图 7-25　暂停录制

⑤ 设置完成后，在"设置"选项组中勾选"播放旁白"复选框，即可播放新录制的旁白，如图 7-26所示。

图 7-26　勾选"播放旁白"复选框

技巧拓展

在"录制"对话框中单击"下一项"按钮，即可跳转至下一张幻灯片，并重新开始计时录制，如图7-27所示。

图 7-27 单击"下一项"按钮

实例 129 插入联机视频

问题介绍： 公司办公人员小蕊想在新创建的演示文稿中插入联机视频，可是她不知道应该怎样操作。下面为大家介绍如何在PPT中插入联机视频。

① 在PPT中打开"素材\第7章\实例129\员工入岗培训.pptx"演示文稿，选择"插入"选项卡，在"新建组"选项组中单击"联机视频"按钮，在打开的"插入视频"面板中输入视频搜索关键字，按Enter键搜索视频，如图 7-28 所示。

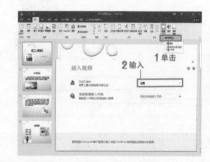

图 7-28 单击"联机视频"按钮

② 选中需要插入的视频文件，单击"插入"按钮，即可成功插入视频，如图 7-29所示。

图 7-29 插入视频

第 1 章
第 2 章
第 3 章
第 4 章
第 5 章
第 6 章
第 7 章
第 8 章
第 9 章
第 10 章
第 11 章
第 12 章

技巧拓展

　　如果在"插入"选项卡中没有"联机视频"按钮，可单击"文件"标签，选择"选项"选项，在"Power Point选项"对话框中选择"自定义功能区"选项，在右侧面板中选择"媒体"选项组，单击"新建组"按钮，在"从下拉位置选择命令"下拉列表中选择"不在功能区中的命令"选项，在下拉列表中选择"联机视频"选项，单击"添加"按钮，即可在"插入"选项卡中添加"联机视频"按钮，如图 7-30所示。

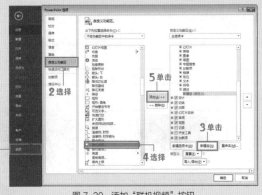

图 7-30　添加"联机视频"按钮

Extra Tip〉〉〉〉〉〉〉〉〉〉〉

实例 130　　插入电脑中的视频文件

问题介绍：公司办公人员小佳想在创建的演示文稿中插入计算机中的视频文件，可是她不知道应该怎样操作。下面为大家介绍如何在演示文稿中插入计算机中的视频文件。

❶ 在PPT中打开"素材\第7章\实例130\绿色植物介绍.pptx"演示文稿，选中需要插入视频文件的幻灯片，选择"插入"选项卡，在"媒体"选项组中单击"视频"下拉按钮，选择"PC上的视频"选项，如图 7-31所示。

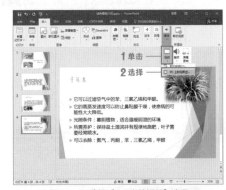

图 7-31　选择"PC 上的视频"选项

② 弹出"插入视频文件"对话框，选择需要插入的视频文件，单击"插入"按钮，如图 7-32 所示。

图 7-32　插入视频文件

③ 设置完成后，查看在幻灯片中插入视频文件的效果，如图 7-33 所示。

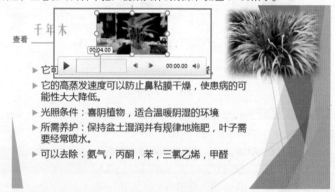

图 7-33　查看效果

技巧拓展

选中插入的视频文件，选择"视频工具—格式"选项卡，在"视频样式"选项组中单击"视频效果"下拉按钮，在下拉列表中选择"柔化边缘"选项，在其子列表中选择"柔化边缘变体，10 磅"选项，如图 7-34 所示。

图 7-34　选择"柔化边缘"选项

第1章
第2章
第3章
第4章
第5章
第6章
第7章
第8章
第9章
第10章
第11章
第12章

实例 131

修改视频的亮度与对比度

问题介绍： 公司办公人员小霞在演示文稿中插入视频文件后，对视频的亮度不满意，想修改视频的亮度与对比度，可是又不知道应该怎样操作。

① 在PPT中打开"素材\第7章\实例131\绿色植物介绍.pptx"演示文稿，选中视频文件，选择"视频工具—格式"选项卡，在"调整"选项组中单击"更正"下拉按钮，选择"亮度：+40%，对比度：+40%"选项，如图 7-35 所示。

② 设置完成后即可查看效果，如图 7-36 所示。

图 7-35　单击"更正"下拉按钮

图 7-36　查看效果

技巧拓展

如果用户对PPT中内置的亮度/对比度样式不满意，还可以在"更正"下拉列表中选择"视频更正选项"选项，在弹出的"设置视频格式"导航窗格中设置视频的亮度和对比度，如图 7-37 所示。

Extra Tip≫≫≫≫≫≫≫≫≫≫≫

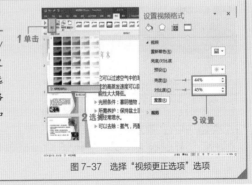

图 7-37　选择"视频更正选项"选项

实例 132

设置视频的颜色效果

问题介绍： 公司办公人员小佳在编辑完演示文稿后，对视频文件的颜色效果不满意，因此想要更改视频的颜色效果，可是她不知道应该怎样操作。

① 在PPT中打开"素材\第7章\实例132\凯豪地产联欢会.pptx"演示文稿，选中视频文件，选择"视频工具—格式"选项卡，在"调整"选项组中单击"颜色"下拉按钮，在下拉列表中选择"青绿，个性色3浅色"选项，如图7-38所示。

② 设置完成后，即可查看效果，如图7-39所示。

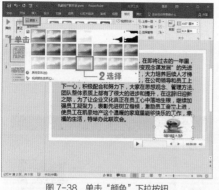

图7-38　单击"颜色"下拉按钮

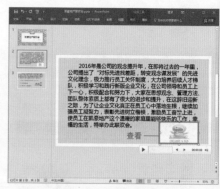

图7-39　查看设置效果

技巧拓展

如果对PPT内置的颜色不满意，用户还可以在"颜色"下拉列表中选择"其他变体"选项，在其子列表中选择"浅蓝"选项，效果如图7-40所示。

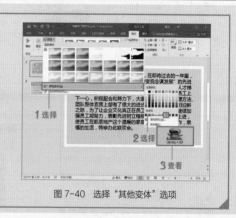

图7-40　选择"其他变体"选项

实例 133　设置视频样式

问题介绍：学校李老师在演示文稿中插入视频文件后，发现视频样式过于简单，为了使演示文稿更美观，他想对视频的样式进行设置，可是又不知道应该怎样操作。

① 在PPT中打开"素材\第7章\实例133\诗经.pptx"演示文稿，选中插入的视频文件，选择"视频工具—格式"选项卡，在"视频样式"下拉列表中选择满意的视频样式，此处选择，"渐变"旋转选项，如图7-41所示。

② 设置完成后可查看效果，此时已成功设置视频样式，如图7-42所示。

图 7-41　设置视频样式

图 7-42　查看效果

技巧拓展

为了使演示文稿更美观，用户还可以在"视频样式"选项组中单击"视频效果"下拉按钮，在下拉列表中选择"发光"选项，在其子列表中选择"发光：18磅；绿色，主题色6"选项，如图 7-43所示。

Extra Tip>>>>>>>>>>>>

图 7-43　选择"发光"选项

实例 134

设置视频海报

问题介绍： 公司办公人员小王在演示文稿中插入视频文件后对视频海报不满意，因此想要修改视频的海报效果，但是不知道应该怎样操作。

① 在PPT中打开"素材\第7章\实例134\家电产品市场分析.pptx"演示文稿，选中插入的视频，选择"视频工具—格式"选项卡，在"调整"选项组中单击"海报帧"下拉按钮，选择"文件中的图像"选项，如图 7-44所示。

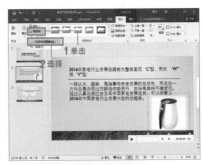

图 7-44　选择"文件中的图像"选项

高效能人士 的 PPT 办公秘技 300 招

第1章
第2章
第3章
第4章
第5章
第6章
第7章
第8章
第9章
第10章
第11章
第12章

② 在"插入图片"面板中单击"浏览"按钮，弹出"插入图片"对话框，选择需要设置的图片，单击"插入"按钮，如图 7-45 所示。

图 7-45　插入图片

③ 设置完成后，即可看到视频的海报图片已经替换，效果如图 7-46 所示。

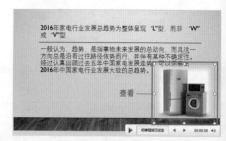

图 7-46　查看设置效果

技巧拓展

如果需要取消设置海报图片，可以在"调整"选项组的"海报帧"下拉列表中选择"重置"选项，如图 7-47 所示。

Extra Tip ＞＞＞＞＞＞＞＞＞＞＞

图 7-47　选择"重置"选项

实例 135　播放视频

问题介绍： 公司办公人员小凯在演示文稿中插入视频文件后，不知道应该怎样播放该文件。下面为大家介绍如何在 PPT 中播放插入的视频文件。

① 在 PPT 中打开"素材\第7章\实例135\绿色植物介绍.pptx"演示文稿。

② 选中插入的视频文件，选择"视频工具—格式"选项卡，在"预览"选项组中单击"播放"按钮，如图 7-48 所示。

图 7-48　单击"播放"按钮

技巧拓展

除了通过上述方法来播放视频外，用户还可以直接单击"播放/暂停"按钮播放视频，或按Alt+P组合键来播放视频，还可以选中视频并右击，执行"预览"命令，如图7-49所示。

图 7-49　播放视频

Extra Tip>>>>>>>>>>>>

为视频添加淡入淡出效果

问题介绍： 公司办公人员小华在演示文稿中插入视频后，想为视频添加淡入淡出效果，可是他不知道应该怎样操作。下面为大家介绍如何为演示文稿中的视频添加淡入淡出效果。

① 在PPT中打开"素材\第7章\实例136\礼仪之邦——中国.pptx"演示文稿。

② 选择"视频工具—播放"选项卡，在"编辑"选项组中将淡入时间设为02.00，淡出时间设为05.00，即可添加淡入淡出效果，如图7-50所示。

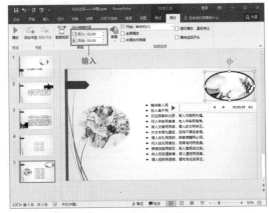

图 7-50　设置淡入淡出效果

153

技巧拓展

淡入淡出效果是指逐步进入、逐步退出视频的效果，用户除了可以为视频文件添加淡入淡出效果，还可以为音频文件添加淡入淡出效果。选中音频按钮，选择"音频工具—播放"选项卡，在"编辑"选项组中设置"淡入"和"淡出"时间值，如图 7-51 所示。

图 7-51 设置"淡入"和"淡出"时间值

实例 137 剪裁视频

问题介绍： 公司办公人员小丽在演示文稿中插入了视频文件，但是只需要选取视频文件中的部分内容，因此她想要剪裁多余的视频，可是又不知道应该怎样操作。

① 在 PPT 中打开"素材\第7章\实例137\制作员工手册.pptx"演示文稿，选中视频文件，选择"视频工具—播放"选项卡，在"编辑"选项组中单击"剪裁视频"按钮，如图 7-52 所示。

② 弹出"剪裁视频"对话框，在"开始时间"和"结束时间"数值框中分别输入时间值，单击"确定"按钮，如图 7-53 所示。

图 7-52 单击"剪裁视频"按钮

③ 设置完成后查看效果，此时视频文件将会直接从1分30秒处开始播放，如图 7-54 所示。

图 7-53 剪裁视频

图 7-54 查看设置效果

技巧拓展

除了可以通过在"开始时间"和"结束时间"数值框中分别输入时间值来剪裁视频外，用户还可以直接拖动时间轴上的时间滑块来剪裁视频，如图 7-55所示。

Extra Tip ﹥﹥﹥﹥﹥﹥﹥﹥﹥﹥﹥

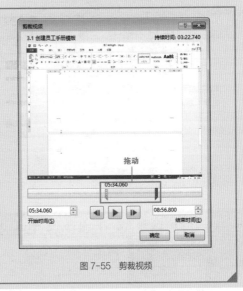

图 7-55　剪裁视频

实例 138

在视频中插入书签

问题介绍： 公司办公人员小圆想在新插入的视频中添加书签，以便快速地查看需要的内容，可是他不知道应该怎样操作。下面为大家介绍在视频中插入书签的操作方法。

① 在PPT中打开"素材\第7章\实例138\制作电子产品销售表.pptx"演示文稿，选中插入的视频文件，选择"视频工具—播放"选项卡，单击"播放"按钮，在"书签"选项组中单击"添加书签"按钮，如图 7-56所示。

② 即可在视频04:17.26处添加一个书签，如图 7-57所示。

图 7-56　单击"添加书签"按钮

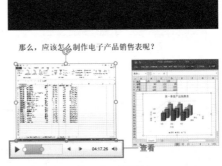

图 7-57　查看书签

155

技巧拓展

　　如果需要删除书签，用户可以选中该书签，在"书签"选项组中单击"删除书签"按钮，即可成功删除，如图 7-58 所示。

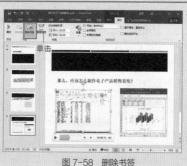

图 7-58　删除书签

实例 139

难度系数：★★☆　适用版本：07/10/13/16

删除不需要的视频

问题介绍：公司办公人员小瑞想要将新插入到演示文稿中的视频文件删除，可是她不知道应该怎样操作。下面为大家介绍在演示文稿中删除不需要的视频的操作方法。

① 在PPT中打开"素材\第7章\实例139\制作员工手册.pptx"演示文稿。

② 选中视频文件，按下键盘上的Delete键或Backspace键，即可快速删除视频文件，如图7-59所示。

图 7-59　删除视频文件

技巧拓展

　　按Delete键或Backspace键也可将演示文稿中的音频文件删除，如图7-60所示。

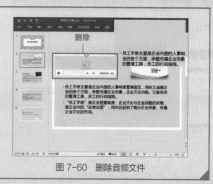

图 7-60　删除音频文件

实例 140 屏幕录制

问题介绍：公司办公人员小佳了解到PPT中可以进行屏幕录制，因此她想使用PPT来录制屏幕，可是又不知道怎样操作。下面为大家介绍如何使用PPT的屏幕录制功能。

① 在PPT中打开"素材\第7章\实例140\PPT2016的屏幕录制功能.pptx"演示文稿，选择"插入"选项卡，在"媒体"选项组中单击"屏幕录制"按钮，如图 7-61所示。

图 7-61　单击"屏幕录制"按钮

② 在弹出的面板中单击"选择区域"按钮，选择屏幕录制区域，再单击"录制"按钮，即可进行屏幕录制操作，如图 7-62所示。

图 7-62　进行屏幕录制操作

③ 录制后按Windows+Shift+Q组合键，即可停止录制，如图 7-63所示。

图 7-63　查看录制结果

技巧拓展

　　用户可以按Windows+Shift +A组合键，来自定义录制区域，如图7-64所示。

图 7-64　自定义录制区域

Extra Tip >>>>>>>>>>>

高效能人士 的 PPT 办公秘技 300 招

第1章
第2章
第3章
第4章
第5章
第6章
第7章
第8章
第9章
第10章
第11章
第12章

职场小知识

特里法则

简介： 承认错误是一个人最大的力量源泉，正视错误，你会得到错误以外的东西。

特里法则是由美国田纳西银行前总经理L·特里提出的。他认为承认错误是一个人最大的力量源泉，正视错误，将会得到错误以外的东西。

谁都难免会犯一些错误。当我们犯错误的时候，脑子里往往会出现想隐瞒自己错误的想法，害怕承认之后会很没面子。其实，承认错误并不是件丢脸的事。反之，在某种意义上，它还是一种具有"英雄色彩"的行为。因为错误承认得越及时，就越容易改正和补救。而且，由自己主动认错比别人提出批评后再认错更能得到谅解。更何况一次错误并不会毁掉你今后的道路，真正会阻碍你的是不愿承担责任、不愿改正错误的态度。

在营救驻伊朗美国大使馆人质的作战计划失败后，当时美国总统吉米·卡特在电视里郑重声明："一切责任在我"。仅仅因为这句话，卡特总统的支持率骤然上升了10%以上。做下属最担心的就是做错事，特别是花了很多精力又出了错，而在这个时候，老板来了句"一切责任在我"，那对这个下属会是何种心情？

卡特总统的例子说明：下属对一个领导的评价，往往决定于他是否有责任感。勇于承担责任不仅使下属有安全感，而且也会让下属进行反思，反思过后会发现自己的缺陷，从而在大家面前主动道歉，并承担责任。

领导这样做，表面上看是把责任揽在了自己身上，使自己成为受谴责的对象，实质上不过是把下属的责任提到上级领导身上，从而使问题解决起来容易一些。假如你是个中层领导，你为你的下属承担了责任，那么你的上司是否也会反思，他也有某些责任呢？一旦公司里上行下效，形成勇于承担责任的风气，便会杜绝互相推诿、上下不团结的局面，使公司有更强的凝聚力，从而更有竞争力。

勇于承认错误和失败也是企业生存的法则。市场不是两军对垒的战场，企业也不是军队。承认失败，企业可以避免更大的市场损失，也可以重新调整自己的市场策略，从而就可以重新取得市场机会了。

以端正的态度来面对错误并努力改正，是人类不断进步的力量源泉和基石。人的进步就是在不断地克服困难改正错误中前行的，前进的动力也是在不断地改正一个又一个所犯下错误的基础上获得的，所以只有态度端正的人才能总结经验教训，才有可能改正错误重新迈向成功之路。

努力克服人性弱点，正确认识承认错误与"丢面子"之间的辩证关系。在实际工作上碍于人性的弱点，大多数领导者不愿意表现出自己薄弱的一面，作为整天指挥别人的自己却犯了错，要是再在众人面前承认，就如同揭自己短一样，的确很不好受。领导者承认错误，自己没有面子，担心失去威信。领导者要是不承认错误呢？那就会让那些认识到错误的人没面子，这也会降低对你的支持，尽管表面会附和你。你是要面子还是要真正的支持？

敢于承认错误是避免再次犯错的重要前提。不敢认错的结果就是想方设法地掩饰错误，以后遇到同样的问题不是回避就是还像以前一样犯错，进而很容易导致重复原来的错误。因此，对于不愿意承认自己错误的职业经理人，在个人发展过程中历来都是致命的。

好好把握每一次犯错误的机会，认真总结，力争不再犯重复的错误。犯一次错误也是一次学习的机会，只不过是反面教材而已。所谓的天才，并不是不犯错误，而是错误从不犯第二次，古人讲的"不二过"既是如此。我们大都是普通人，之所以普通，也是遇到错误就经常一犯再犯，又何止"二过"能止？摔倒了一次，就爬起来，再摔倒了，就再爬起来又如何？百炼方能成钢！领导者因为犯错而被降职或解聘，跟是否承认错误完全是两码事。不承认错误也许不会降职，但不敢于认错就意味着犯了一个更大的错误，那后果可想而知。

第8章

Chapter 8

PPT 中表格与图表的应用

在日常办公中，很多用户会用到PPT演示文稿和Excel表格，为了提高工作效率，通常可以使这两者进行协作。本章将利用20个实例为大家介绍PPT演示文稿和Excel表格的协作，包括如何在PPT中插入Excel表格、如何快速删除行和列、如何快速插入图表、如何设置坐标轴格式、如何设置表格样式等。

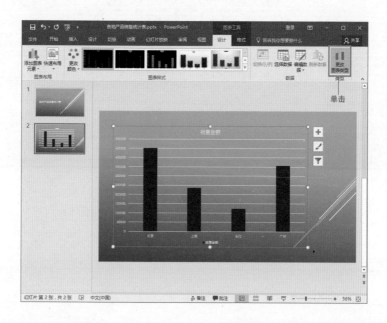

在 PPT 中插入表格

问题介绍: 公司办公人员小敏在编辑演示文稿时, 想在幻灯片中插入表格, 可是他不知道应该怎样操作。下面为大家介绍如何在PPT中插入表格。

① 在PPT中打开"素材\第8章\实例141\2016年下半年销售分析表.pptx"演示文稿, 选中需要插入表格的幻灯片, 选择"插入"选项卡, 在"表格"选项组中单击"表格"下拉按钮, 拖动鼠标选择"4x6表格"样式, 快速插入表格, 如图 8-1所示。

② 然后在新插入的表格中输入文本, 即可完成操作, 如图 8-2所示。

图 8-1　创建 "4x6 表格" 样式

图 8-2　查看效果

技巧拓展

　　除了上述操作方法外, 用户还可以单击"表格"下拉按钮, 在下拉列表中选择"插入表格"选项, 在"插入表格"对话框中将"列数"设为4, "行数"设为6, 单击"确定"按钮, 如图 8-3所示。

　　设置完成后, 可查看在PPT幻灯片中插入表格的效果, 如图 8-4所示。

图 8-3　选择 "插入表格" 选项

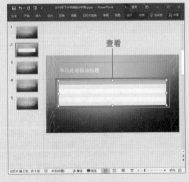

图 8-4　查看表格插入效果

在 PPT 中引用 Excel 表格

问题介绍： 公司办公人员小陈想在演示文稿中插入已经创建好的Excel表格，可是他不知道应该怎样操作。下面为大家介绍如何在PPT中引用Excel表格。

① 在PPT中打开"素材\第8章\实例142\客户信息表.pptx"演示文稿，选择"插入"选项卡，在"文本"选项组中单击"对象"按钮，如图 8-5所示。

图 8-5　单击"对象"按钮

② 弹出"插入对象"对话框，选择"由文件创建"单选按钮，单击"浏览"按钮，在"浏览"对话框中选择需要插入的Excel表格，单击"确定"按钮，如图 8-6所示。

图 8-6　选择需要插入的 Excel 表格

③ 设置完成后即可查看效果，如图 8-7所示。

单击此处添加标题

客户姓名	客户地址	联系方式
张三	湖南省长沙市天心区赤岭路1号	0731—8256****
李四	湖南省长沙市芙蓉区芙蓉路111号	0731—8257****
李昊	湖南省常德市武陵区武陵路1号	0731—8258****
李凯	湖北省武汉市洪山区洪山路56号	0731—8259****
张佳佳	广东省深圳市福田口岸	0731—8260****
王家瑞	江西省南昌市湾里区大行路75路	0731—8261****
张旺	广东省潮州市潮安县彩塘镇	0769—8262****
朱琬	广东省广州市白云区白云路	0731—8263****

图 8-7　查看插入 Excel 表格的效果

第1章
第2章
第3章
第4章
第5章
第6章
第7章
第8章
第9章
第10章
第11章
第12章

技巧拓展

如果需要修改表格中的内容，双击表格即可进入Excel编辑模式，然后对表格内容进行修改，如图 8-8所示。

图 8-8　修改表格内容

Extra Tip>>>>>>>>>>>>>

实例 143

快速插入行和列

问题介绍：公司办公人员小蕊在PPT中插入表格后，发现表格中的行数和列数不够，想要快速插入行和列，可是又不知道应该怎样操作。下面为大家介绍如何快速插入表格行和列。

① 在PPT中打开"素材\第8章\实例143\上半年仓库进出库.pptx"演示文稿，选中"5月"单元格，选择"表格工具—布局"选项卡，在"行和列"选项组中单击"在下方插入"按钮，此时将会在表格下方新插入一行，如图 8-9 所示。

② 选中"出库"单元格，选择"表格工具—布局"选项卡，在"行和列"选项组中单击"在右方插入"按钮，此时将会在表格右侧新的插入一列，如图 8-10所示。

图 8-9　单击"在下方插入"按钮

图 8-10　单击"在右方插入"按钮

技巧拓展

如果需要选择表格中的行和列，可以在"表格工具—布局"选项卡的"表"选项组中单击"选择"下拉按钮，在下拉列表中选择"选择行"或"选择列"选项，即可选中行或列，如图 8-11 所示。

图 8-11 选中行和列

实例 144

难度系数：★★★   适用版本：07/10/13/16

快速删除行和列

问题介绍：公司办公人员小敏在演示文稿中插入表格后，发现表格中有多余的行和列，因此想将这些多余的行和列删除，可是她不知道应该怎样操作。

❶ 在 PPT 中打开"素材\第8章\实例144\员工信息表.pptx"演示文稿，选择"表格工具—布局"选项卡，在"行和列"选项组中单击"删除"下拉按钮，在下拉列表中选择"删除列"选项，即可删除多余的列，如图 8-12 所示。

❷ 选择"表格工具—布局"选项卡，在"行和列"选项组中单击"删除"下拉按钮，在下拉列表中选择"删除行"选项，即可删除多余的行，如图 8-13 所示。

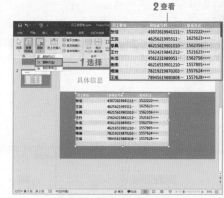

图 8-12 删除多余的列   图 8-13 删除多余的行

第1章
第2章
第3章
第4章
第5章
第6章
第7章
第8章
第9章
第10章
第11章
第12章

技巧拓展

在"行和列"选项组中单击"删除"下拉按钮,在下拉列表中选择"删除表格"选项,即可删除表格,如图 8-14 所示。

图 8-14 删除表格

Extra Tip ＞＞＞＞＞＞＞＞＞＞＞＞＞

实例 145

适当调整行高和列宽

问题介绍: 学校王老师在演示文稿中创建表格后,对表格的行高和列宽不满意,想要调整行高和列宽,可是又不知道应该怎么操作。

① 在 PPT 中打开"素材\第8章\实例145\123班第一次模拟考试总结大会.pptx"演示文稿,选中表格,选择"表格工具—布局"选项卡,在"单元格大小"选项组中将"列宽"设为"1.04厘米","行高"设为"2.8厘米",如图 8-15 所示。

② 设置完成后,查看调整表格行高和列宽的效果,如图 8-16 所示。

图 8-15 调整行高和列宽

姓名	语文	数学	英语	历史	政治	地理
张丹	98	95	88	87	90	90
李海生	95	82	92	82	92	89
王思	90	92	85	89	91	82
朱翔	90	82	75	88	89	85
王凯	85	86	86	90	88	87
朱凯	82	84	92	92	87	82
李昊	76	85	83	82	85	83
李佳	78	91	95	83	82	80
王翔	85	80	74	88	83	75
陈晨	88	75	85	75	80	72
翠花	75	76	92	76	78	70
李霞	85	72	80	72	70	69
刘暖	80	60	80	70	75	68
王竹	75	72	62	69	72	66
程霞	70	60	72	68	70	63
王凯凯	70	66	75	75	70	62

图 8-16 查看调整后的效果

165

技巧拓展

当表格中单元格的大小不一样时，用户可以在"单元格大小"选项组中分别单击"分布行"和"分布列"按钮，快速调整表格大小，效果如图 8-17 所示。

图 8-17　调整表格大小

实例 146　快速调整表格大小和位置

问题介绍： 公司办公人员小陈在演示文稿中创建表格后，对表格大小和位置不满意，想要重新调整表格大小和位置，可是又不知道应该怎样操作。

❶ 在 PPT 中打开"素材\第8章\实例146\电子产品销售表.pptx"演示文稿，选中表格，选择"表格工具—布局"选项卡，在"表格尺寸"选项组中将表格"高度"设为"6厘米"，"宽度"设为"15厘米"，如图 8-18 所示。

❷ 设置完成后，即可查看调整效果。选中表格顶部，当光标变为十字向外箭头的符号时拖动鼠标，即可调整图表位置，如图 8-19 所示。

图 8-18　调整表格大小

图 8-19　查看调整效果

技巧拓展

除了上述方法外，用户还可以选中表格并右击，执行"设置形状格式"命令，在弹出的"设置形状格式"导航窗格中单击"大小与属性"按钮，在"大小"选项区域中也可设置表格的"高度"和"宽度"值，如图 8-20 所示。

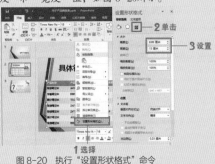

图 8-20 执行"设置形状格式"命令

Extra Tip>>>>>>>>>>>>>>

实例 147

快速合并单元格

问题介绍： 公司办公人员小赵想要对新创建的表格执行"合并单元格"命令，可是他不知道应该怎样操作。下面为大家介绍如何快速合并与拆分单元格。

① 在 PPT 中打开"素材\第8章\实例147\销售分析表.pptx"演示文稿，选中表格中需要合并的单元格，选择"表格工具—布局"选项卡，在"合并"选项组中单击"合并单元格"按钮，如图 8-21 所示。

② 然后选择"开始"选项卡，在"字体"选项组中将"字号"设为32，在"段落"选项组中单击"居中"按钮，效果如图 8-22 所示。

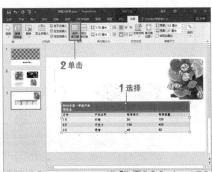

图 8-21 单击"合并单元格"按钮

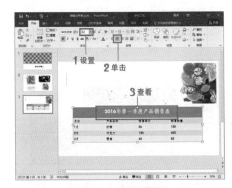

图 8-22 查看设置效果

技巧拓展

在PPT演示文稿中除了可以对单元格执行“合并单元格”操作，用户还可以对单元格执行“拆分单元格”操作，具体操作步骤如下。

a.选中需要拆分的单元格，选择“表格工具—布局”选项卡，在“合并”选项组中单击“拆分单元格”按钮，弹出“拆分单元格”对话框，将“列数”设为1，“行数”设为3，单击“确定”按钮保存设置，如图 8-23所示。

b.设置完成后即可查看拆分效果，如图 8-24所示。

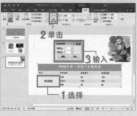

图 8-23　单击“拆分单元格”按钮

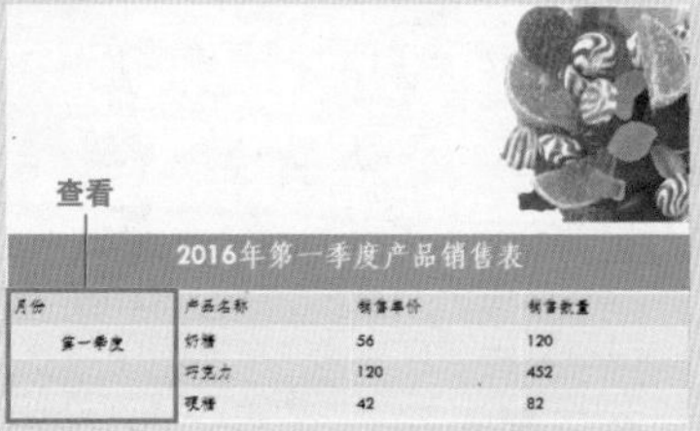

图 8-24　查看拆分效果

Extra Tip>>>>>>>>>>>>

实例 148　为表格设置边框

难度系数：★★　适用版本：07/10/13/16

问题介绍：公司办公人员小李在PPT中插入图表后对默认的表格边框样式不满意，想要为表格设置双线边框，可是又不知道应该怎样操作。

① 在PPT中打开“素材\第8章\实例148\销售1部业绩报告.pptx”演示文稿，选中表格，选择“表格工具—设计”选项卡，在“绘制边框”选项组中单击“笔样式”下拉按钮，在下拉列表中选择“实线”选项，如图 8-25所示。

② 在“表格样式”选项组中单击“边框”下拉按钮，在下拉列表中选择“所有框线”选项，如图 8-26所示。

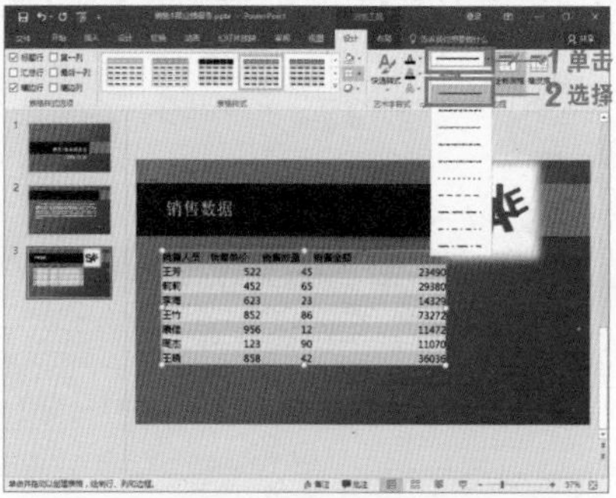

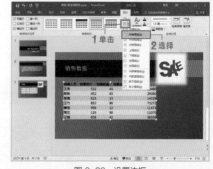

图 8-25　设置笔样式

图 8-26　设置边框

③ 设置完成后查看效果，此时已成功为表格添加边框，如图 8-27所示。

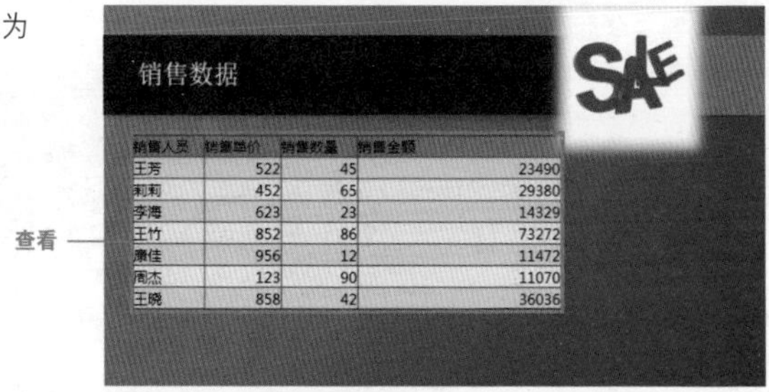

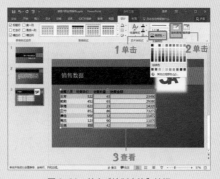

图 8-27　查看设置效果

技巧拓展

除了可以使用上述方法来添加表格边框外，用户还可以通过绘制表格的方式来添加边框，具体操作步骤如下。

在“绘制边框”选项组中单击“笔颜色”下拉按钮，选择“黑色”选项，然后单击“绘制表格”按钮，此时鼠标指针变为笔状符号，单击表格边框处，即可添加黑色实线边框线，如图 8-28所示。

图 8-28　单击“绘制表格”按钮

Extra Tip>>>>>>>>>>>>>

实例 149 为表格填充底纹效果

难度系数：★★　适用版本：07/10/13/16

问题介绍：为了使新创建的表格更美观，赵老师想要为表格填充底纹效果，可是她不知道应该怎样操作。下面为大家介绍如何给表格填充底纹效果。

① 在PPT中打开“素材\第8章\实例149\期中考试总结大会.pptx”演示文稿，选中表格，选择“表格工具—设计”选项卡，在“表格样式”选项组中单击“底纹”下拉按钮，在下拉列表中选择“纹理”选项，在其子列表中选择满意的填充样式，如图 8-29所示。

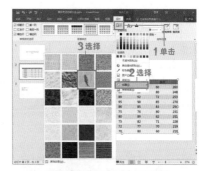

图 8-29　单击“底纹”下拉按钮

② 设置完成后即可查看效果，如图 8-30 所示。

学号	姓名	语文	数学	英语	总分
120611	陈翠花	100	100	60	260
120612	李四	88	80	80	248
120613	王佳	89	92	72	253
120614	李海	95	90	85	270
120615	朱佳佳	86	85	83	254
120616	李泉	75	76	80	231
120617	王慧	80	89	82	251
120618	刘慧儿	75	82	71	228
120619	张三	72	77	70	219
120620	张铁柱	70	80	60	210

图 8-30　查看效果

技巧拓展

如果不需要设置表格填充颜色，用户可以在"底纹"下拉列表中选择"无填充选项"选项，效果如图 8-31 所示。

图 8-31　选择"无填充选项"选项

Extra Tip▶▶▶▶▶▶▶▶▶▶▶▶▶

实例 150

应用样式为表格轻松换装

问题介绍：公司办公人员小佳在 PPT 中创建表格后，想要修改表格样式，可是她不知道应该怎样操作。下面为大家介绍修改表格样式的操作方法。

① 在 PPT 中打开"素材\第8章\实例150\期中考试总结大会.pptx"演示文稿，选中表格，选择"表格工具—设计"选项卡，在"表格样式"选项组中单击"其他"下拉按钮，选择满意的表格样式，此处选择"主题样式1，强调6"选项，如图 8-32 所示。

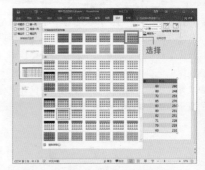

图 8-32　选择满意的表格样式

❷ 设置完成后即可查看效果，如图 8-33 所示。

学号	姓名	语文	数学	英语	总分	
120611陈翠花		100	100	60	260
120612李四		88	80	80	248
120613王佳		89	92	72	253
120614李海		95	90	85	270
120615朱佳佳		86	85	83	254
120616李泉		75	76	80	231
120617王臻		80	89	82	251
120618刘嘉儿		75	82	71	228
120619张三		72	77	70	219
120620张铁柱		70	80	60	210

图 8-33　查看效果

技巧拓展

　　a.如果对所设置的表格样式不满意，可以在"表格样式"下拉列表中选择"清除表格"选项，如图 8-34 所示。

　　b.设置后即可查看效果，此时表格已经清除所有格式，如图 8-35 所示。

图 8-34　选择"清除表格"选项

学号	姓名	语文	数学	英语	总分
120611	陈翠花	100	100	60	260
120612	李四	88	80	80	248
120613	王佳	89	92	72	253
120614	李海	95	90	85	270
120615	朱佳佳	86	85	83	254
120616	李泉	75	76	80	231
120617	王臻	80	89	82	251
120618	刘嘉儿	75	82	71	228
120619	张三	72	77	70	219
120620	张铁柱	70	80	60	210

图 8-35　查看效果

Extra Tip ＞ ＞ ＞ ＞ ＞ ＞ ＞ ＞ ＞ ＞ ＞

实例 151

让表格中的文本居中对齐

问题介绍：公司办公人员小红在演示文稿中创建表格后，发现表格中的文本没有居中对齐，因此她想要对表格中的文本进行居中对齐设置，可是又不知道应该怎样操作。

❶ 在PPT中打开"素材\第8章\实例151\电子产品销售表.pptx"演示文稿，选中表格，选择"表格工具—布局"选项卡，在"对齐方式"选项组中单击"居中"和"垂直居中"按钮，如图 8-36 所示。

❷ 设置完成后即可查看效果，如图 8-37 所示。

第1章　第2章　第3章　第4章　第5章　第6章　第7章　第8章　第9章　第10章　第11章　第12章

图 8-36　设置文本居中对齐

产品名称	产品型号	销售单价	销售数据
联想笔记本	A452	5699	50
宏碁笔记本	H895	5300	42
戴尔笔记本	Y112	4999	82
联想笔记本	Z457	3999	80
联想笔记本	Z477	3999	120
戴尔笔记本	A112	3599	100
联想笔记本	H898	2999	100

图 8-37　查看设置效果

技巧拓展

除了上述方法外，用户还可以在"开始"选项卡下的"段落"选项组中单击"居中"按钮，或者按Ctrl+E组合键，也可进行文本居中对齐操作，如图 8-38 所示。

图 8-38　单击"居中"按钮

Extra Tip ﹥﹥﹥﹥﹥﹥﹥﹥﹥﹥﹥﹥

实例 152

快速插入图表

问题介绍： 公司办公人员小佳编辑演示文稿后，想要在演示文稿中插入图表，可是她又不知道应该怎样操作。下面为大家介绍如何在PPT中快速插入图表。

难度系数：★★★　　适用版本：07/10/13/16

❶ 在PPT中打开"素材\第8章\实例152\产品销售分析.pptx"演示文稿，选中需要插入图表的幻灯片，选择"插入"选项卡，在"插图"选项组中单击"图表"按钮，在"插入图表"对话框中选择"簇状柱形图"选项，单击"确定"按钮，如图 8-39所示。

❷ 此时将会自动打开Excel工作表，修改表格中的数据，图表也会发生相应的变化，如图 8-40 所示。

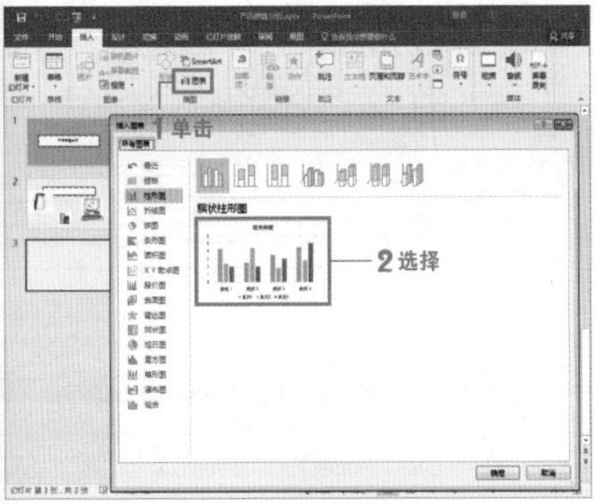

图 8-39　单击 "图表" 按钮 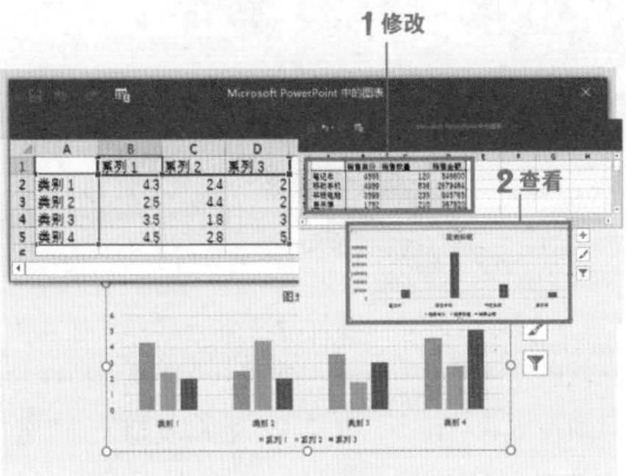　　　　　　　　　　　　图 8-40　修改数据

❸ 设置完成后关闭工作表，修改图表标题，效果如图 8-41所示。

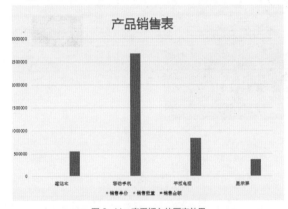

图 8-41　查看插入的图表效果

技巧拓展

　　除了可以在 "插入" 选项卡中插入图表外，用户还可以在幻灯片中单击 "插入图表" 占位符，在弹出的 "插入图表" 对话框中选择合适的图表类型，进行图表的插入，如图 8-42所示。

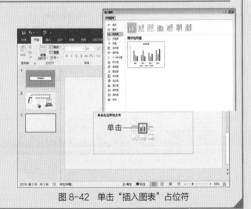

图 8-42　单击 "插入图表" 占位符

Extra Tip ❯❯❯❯❯❯❯❯❯❯❯❯

实例 153　更改图表类型

问题介绍： 公司办公人员小凯在演示文稿中插入图表后，对图表类型不满意，想要更改图表类型，可是又不知道应该怎样操作。下面为大家介绍如何更改图表类型。

① 在PPT中打开"素材\第8章\实例153\各地产品销售统计表.pptx"演示文稿，选中图表，选择"图表工具—设计"选项卡，在"类型"选项组中单击"更改图表类型"按钮，如图 8-43所示。

② 弹出"更改图表类型"对话框，选择"饼图"选项，单击"确定"按钮，如图 8-44所示。

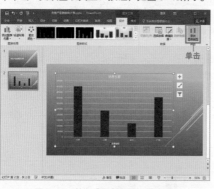

图 8-43　单击"更改图表类型"按钮

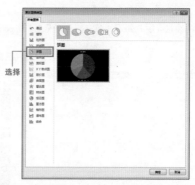

图 8-44　选择"饼图"选项

③ 单击图表右上角的"图表元素"按钮，在列表中勾选"数据标签"复选框，效果如图 8-45所示。

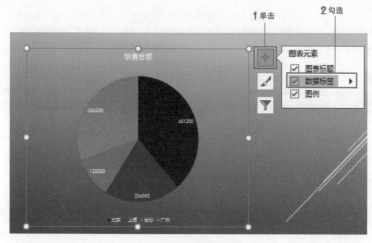

图 8-45　勾选"数据标签"复选框

第1章

第2章

第3章

第4章

第5章

第6章

第7章

第8章

第9章

第10章

第11章

第12章

技巧拓展

用户除了可以在"图表工具—设计"选项卡中更改图表类型外，还可以选中图表并右击，执行"更改图表类型"命令来更改图表类型，如图 8-46 所示。

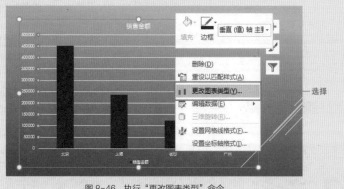

图 8-46　执行"更改图表类型"命令

Extra Tip>>>>>>>>>>>>>

实例 154

为图表中的文本设置格式

问题介绍: 学校万老师在PPT中创建图表后，想设置图表中的文本格式，可是他不知道应该怎样操作。下面为大家介绍如何为图表中的文本设置格式。

① 在PPT中打开"素材\第8章\实例154\考试总结大会.pptx"演示文稿，选中图表标题，选择"开始"选项卡，在"字体"选项组中将"字体"设为"微软雅黑"，"字号"设为32，如图 8-47 所示。

② 设置完成后即可查看效果，如图 8-48所示。

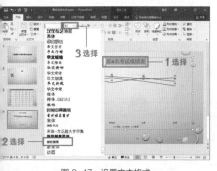

图 8-47　设置文本格式

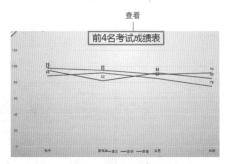

图 8-48　查看设置效果

技巧拓展

除了上述方法外，用户还可以通过执行"字体"命令来设置文本格式，具体操作步骤如下。

选中图表标题并右击，执行"字体"命令，在"字体"对话框中将"中文字体"设为"微软雅黑"，"大小"设为32，如图 8-49 所示。

Extra Tip》》》》》》》》》》》》

图 8-49 执行"字体"命令

实例 155

为图表设置背景效果

问题介绍：公司行政部门人员小江在PPT中插入图表后对其背景样式不满意，想修改图表背景，可是又不知道应该怎样操作。下面为大家介绍如何为图表设置背景效果。

① 在PPT中打开"素材\第8章\实例155\销售业绩分析表.pptx"演示文稿，选中图表并右击，执行"设置图表区域格式"命令，弹出"设置图表区格式"导航窗格，单击"填充与线条"按钮，在"填充"选项区域中选择"图片或纹理填充"单击按钮，单击"文件"按钮，如图 8-50 所示。

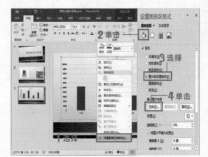

图 8-50 执行"设置图表区域格式"命令

② 在打开的"插入图片"对话框中选择需要的图片，单击"插入"按钮，如图 8-51 所示。

图 8-51 插入图片

③ 设置完成后即可查看效果，如图 8-52所示。

图 8-52　查看设置效果

技巧拓展

除了可以将图表背景设置图片文件外，还可以设为纯色填充，如图 8-53所示。

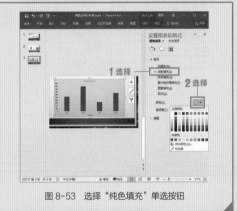

图 8-53　选择"纯色填充"单选按钮

实例 156

为坐标轴设置格式

问题介绍： 公司销售部员工小强在PPT中插入图表后，对坐标轴的格式不满意，想对坐标轴的格式进行设置，可是又不知道应该怎样设置。下面为大家介绍如何为坐标轴设置格式。

① 在PPT中打开"素材\第8章\实例156\销售业绩报告、pptx"演示文稿，双击图表中的坐标轴，弹出"设置坐标轴格式"导航窗格，单击"填充与线条"按钮，在"填充"选项区域中选择"纯色填充"单选按钮，将填充颜色设为"绿色"，如图 8-54所示。

② 设置完成后即可查看效果，如图 8-55所示。

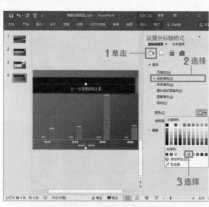

图 8-54 选择"纯色填充"单选按钮

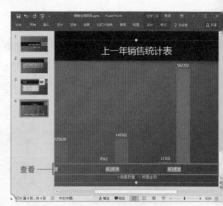

图 8-55 查看效果

技巧拓展

选中坐标轴并右击，执行"设置坐标轴格式"命令，也可弹出"设置坐标轴格式"导航窗格，如图 8-56所示。

图 8-56 执行"设置坐标轴格式"命令

Extra Tip ＞＞＞＞＞＞＞＞＞＞＞＞

实例 157

难度系数：★★★ 适用版本：07/10/13/16

使用柱形图展示产品销售差距

问题介绍： 公司办公人员小宋想在演示文稿中使用图表展示产品销售差距，可是又不知道应该使用什么图表类型。下面为大家介绍如何使用柱形图展示产品销售差距。

❶ 在PPT中打开"素材\第8章\实例157\各季度销售情况表.pptx"演示文稿，选择"插入"选项卡，在"插图"选项组中单击"图表"按钮，如图 8-57所示。

❷ 弹出"插入图表"对话框，在"所有图表"列表中选择"柱形图"选项，然后选择"簇状柱形图"图表类型，单击"确定"按钮，如图 8-58所示。

图 8-57 单击"图表"按钮

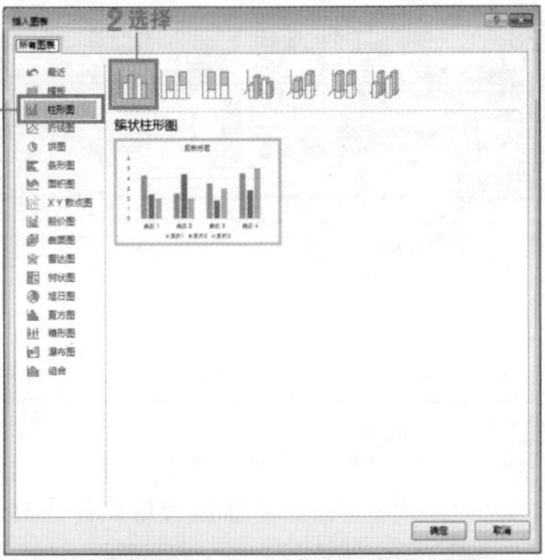

图 8-58 选择"簇状柱形图"选项

③ 此时将自动打开Excel工作表，修改工作表中的数据，此时PPT中的图表也将随之变化，效果如图 8-59所示

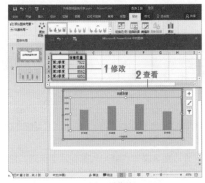

图 8-59 修改数据

技巧拓展

选中图表，单击"图表元素"按钮，在列表中勾选"坐标轴标题""数据标签"等复选框，即可为图表添加相应的元素，如图 8-60所示。

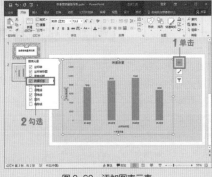

图 8-60 添加图表元素

Extra Tip ＞＞＞＞＞＞＞＞＞＞＞＞

第1章
第2章
第3章
第4章
第5章
第6章
第7章
第8章
第9章
第10章
第11章
第12章

实例
158
难度系数：★★★　适用版本：07/10/13/16

使用折线图展示销量变化幅度

问题介绍： 公司办公人员小红想在PPT中创建图表来展示各季度销量变化幅度，可是他不知道应该使用什么图表类型。下面为大家介绍如何使用折线图展示各季度销量变化幅度。

① 在PPT中打开"素材\第8章\实例158\各季度销售分析报告.pptx"演示文稿，选中需要插入图表的幻灯片，选择"插入"选项卡，在"插图"选项组中单击"图表"按钮，在"插入图表"对话框中选择"折线图"选项，单击"确定"按钮，如图8-61所示。

② 在打开的Excel工作表中修改数据，然后关闭工作表，如图8-62所示。

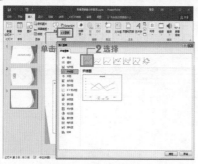

图 8-61　单击"图表"按钮

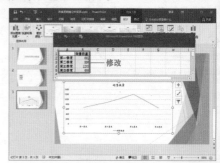

图 8-62　修改数据

③ 修改图表文本样式，为图表添加标题，然后为图表添加数据系列，效果如图8-63所示。

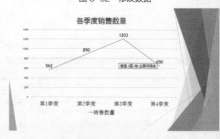

图 8-63　查看效果

技巧拓展

除了可以单击"图表元素"按钮添加图表元素外，用户还可以在"图表工具—设计"选项卡下的"图表布局"选项组中单击"添加图表元素"下拉按钮，在下拉列表中选择要添加的图表元素，如图8-64所示。

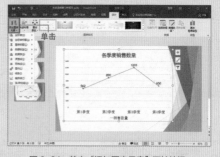

图 8-64　单击"添加图表元素"下拉按钮

Extra Tip ▶ ▶ ▶ ▶ ▶ ▶ ▶ ▶ ▶ ▶ ▶ ▶ ▶

实例159 使用饼图展示教师学历比例

难度系数：★★　适用版本：07/10/13/16

问题介绍：学校王老师在创建演示文稿时，想插入图表来展示学院教师学历比例。可是他不知道应该使用什么图表类型。下面介绍如何使用饼图展示学院教师学历比例。

① 在PPT中打开“素材\第8章\实例159\教师学历比例.pptx”演示文稿，选中需要插入图表的幻灯片，选择“插入”选项卡，在“插图”选项组中单击“图表”按钮，在“插入图表”对话框中选择“饼图”选项，单击“确定”按钮，如图 8-65所示。

② 在打开的Excel工作表中修改数据，然后关闭工作表，如图 8-66所示。

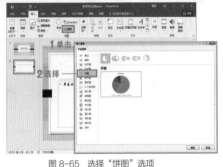

1 单击
2 选择
饼图
图 8-65　选择“饼图”选项

修改
大专学历 20%
本科学历 59%
硕士学历 11%
博士学历 10%
图 8-66　修改数据

③ 修改图表文本样式，为图表添加数据系列，效果如图 8-67所示。

教师学历比例
20%
11%
59%
■大专学历 ■本科学历 ■硕士学历 ■博士学历
图 8-67　查看设置效果

技巧拓展

如果对饼图的颜色不满意，可以在“图表工具—设计”选项卡中单击“更改颜色”下拉按钮，在下拉列表中选择满意的颜色，此处选择“彩色调色板4”选项，如图 8-68所示。

2 选择
1 单击
教师学历比例
■大专学历 ■本科学历 ■硕士学历 ■博士学历
图 8-68　单击“更改颜色”下拉按钮

Extra Tip

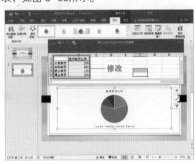

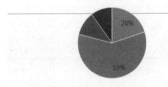

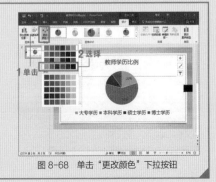

让 PPT 图表动起来

问题介绍: 公司办公人员小佳在演示文稿中创建图表后,想为图表添加动画效果,可是又不知道怎样操作。下面为大家介绍如何为图表添加动画效果。

① 在PPT中打开"素材\第8章\实例160\教师学历比例.pptx"演示文稿,选中图表,选择"动画"选项卡,在"动画"选项组中单击"其他"按钮,在下拉列表中选择"弹跳"选项,如图 8-69所示。

② 设置完后单击"预览"按钮查看效果,如图 8-70所示。

图 8-69 选择"弹跳"选项

图 8-70 查看效果

技巧拓展

a.如果对列表中的动画不满意,可以选择"更多进入效果"选项,如图 8-71所示。

b.在弹出的"更改进入效果"对话框中选择满意的进入效果,单击"确定"按钮,如图 8-72所示。

图 8-71 选择"更多进入效果"选项

图 8-72 选择满意的进入效果

c.单击"预览"按钮查看设置效果，如图 8-73所示。

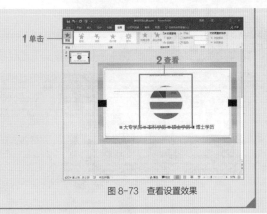

图 8-73 查看设置效果

Extra Tip ▶▶▶▶▶▶▶▶▶▶▶

职场小知识

华盛顿合作定律

简介：一个人敷衍了事，两个人互相推诿，三个人则永无成事之日。

华盛顿合作定律是指一个人敷衍了事，两个人互相推诿，三个人则永无成事之日，类似于中国的"三个和尚"故事，说明人与人的合作看似是人力的简单相加，实则是非常复杂和微妙的，其原理就是"旁观者效应"。

1964年3月凌晨3点，纽约一位年轻的酒吧女经理被一个杀人狂杀死。作案时间长达半个小时，附近有38人看到或听到女经理被刺的情况和呼救声，但没有一个人出来保护她，也没有一个人及时给警察打电话。事后，美国大小媒体同声谴责纽约人的无情与冷漠。然而，两位年轻的心理学家——巴利与拉塔内并没有认同这些说法。

他们专门为此进行了一项试验。他们寻找了72名不知真相的参与者与一名假扮的癫痫病患者参加试验，让他们以"一对一"或"四对一"两种方式，保持远距离联系，相互间只使用对讲机通话。事后的统计数据出现了很有意思的一幕：在交谈过程中，当假病人大呼救命时，在一对一通话的那组，有85%的人冲出工作间去报告有人发病；而在四个人同时听到假病人呼救的那组，只有31%的人采取了行动！

两位心理学家把它称为"旁观者介入紧急事态的社会抑制"，更简单地说，就是"旁观者效应"。他们认为：在出现紧急情况时，正是因为有其他的目击者在场，才使得每一位旁观者都无动于衷，旁观者可能更多的是在看其他观察者的反应。

"旁观者效应"与人们一般认为的世态炎凉之类的社会氛围，或看客的冷漠等集体性格缺陷没有太大关系。

第9章

Chapter 9

PPT 的
特效与链接

创建PPT演示文稿时，为了使幻灯片内容更丰富、更具有特色，用户可以为PPT添加特效和切换效果。本章将利用30个实例为大家介绍如何设置PPT特效和切换效果、如何为幻灯片添加切换动画、如何制作电子字幕效果、如何设置彩球升空效果、如何设置群鸽放飞效果，以及如何创建超链接等。

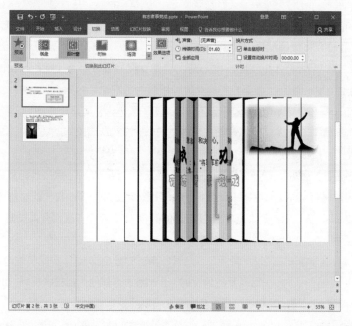

第1章

第2章

第3章

第4章

第5章

第6章

第7章

第8章

第9章

第10章

第11章

第12章

实例 161 为幻灯片添加切换动画

链接系数：★★★　适用版本：07/10/13/16

问题介绍： 为了使演示文稿更富有特色，公司办公人员小敏想要为幻灯片添加切换动画，可是她不知道应该怎样操作。下面为大家介绍如何为幻灯片添加切换动画。

① 在 PPT 中打开"素材\第9章\实例161\有志者事竟成.pptx"演示文稿，选中第2张幻灯片，选择"切换"选项卡，在"切换到此幻灯片"选项组中单击"其他"按钮，在下拉列表中选择满意的切换效果，此处选择"百叶窗"选项，如图9-1所示。

② 设置完成后单击"预览"按钮查看效果，如图9-2所示。

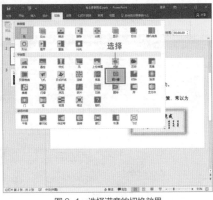

图 9-1　选择满意的切换效果

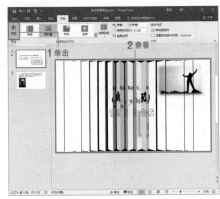

图 9-2　单击"预览"按钮

技巧拓展

在"切换到此幻灯片"选项组中单击"效果选项"下拉按钮，在下拉列表中选择"水平"选项，此时切换效果将会呈水平状，如图9-3所示。

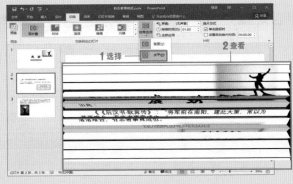

图 9-3　选择"水平"选项

制作倒计时效果

问题介绍: 学校王老师创建演示文稿后,想为幻灯片制作倒计时效果,可是他不知道应该怎样操作。下面为大家介绍如何为幻灯片制作倒计时效果。

① 在PPT中打开"素材\第9章\实例162\中国古代常识文化竞赛.pptx"演示文稿,选中需要插入倒计时的幻灯片,选择"插入"选项卡,在"插图"选项组中单击"形状"下拉按钮,选择"椭圆"选项,按住Shift键并拖动鼠标,即可在幻灯片中绘制圆形,如图9-4所示。

② 选中圆形,在"绘图工具—格式"选项卡中设置填充颜色为"无填充","形状轮廓"设为"红色",选择"粗细"选项,在其子列表中选择"6磅"选项,如图9-5所示。

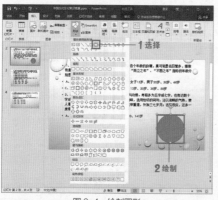

图9-4 绘制圆形

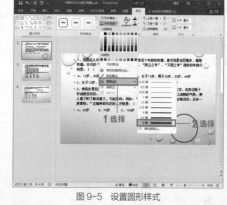

图9-5 设置圆形样式

③ 选择"插入"选项卡,在"文本"选项组中单击"文本框"下拉按钮,在下拉列表中选择"横排文本框"选项,在幻灯片中绘制文本框,如图9-6所示。

④ 在文本框中输入文本,并将字体设为"华文行楷",字号设为48,调整文本框位置,继续绘制文本框,并输入数字,如图9-7所示。

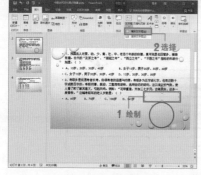

图9-6 绘制文本框

图9-7 输入文本

⑤ 选中数字5，选择"动画"选项卡，在"动画"选项组选择"出现"动画效果，在"计时"选项组的"开始"列表中选择"与上一动画同时"选项，如图9-8所示。

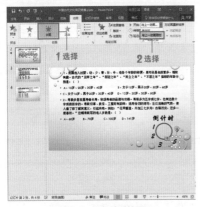

图9-8 添加计时效果

⑥ 继续选择数字5，选择"动画"选项卡，在"添加动画"下拉列表中选择"消失"选项，设置"开始"为"与上一动画同时"，延迟时间设为1秒，如图9-9所示。

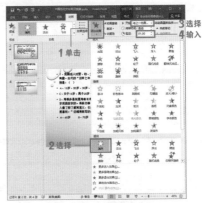

图9-9 选择"消失"选项

⑦ 选中数字4，添加"出现"动画效果，选择"与上一动画同时"选项，延迟时间设为1秒。继续选中数字4，添加"消失"动画效果，选择"与上一动画同时"选项，延迟时间设为2秒。选中数字3，添加"出现"动画效果，选择"与上一动画同时"选项，延迟时间设为2秒。继续选中数字3，添加"消失"动画效果，选择"与上一动画同时"选项，延迟时间设为3秒。选中数字2，添加"出现"动画效果，选择"与上一动画同时"选项，延迟时间设为3秒。继续选中数字2，添加"消失"动画效果，选择"与上一动画同时"选项，延迟时间设为4秒。选中数字1，添加"出现"动画效果，选择"与上一动画同时"选项，延迟时间设为4秒。继续选中数字1，添加"消失"动画效果，选择"与上一动画同时"选项，延迟时间设为5秒，如图9-10所示。

⑧ 组合这5个文本框并右击，执行"大小和位置"命令，在"设置形状格式"导航窗格中单击"大小与属性"按钮，在"位置"选项区域中将"水平位置"和"垂直位置"均设为"居中"，单击"关闭"按钮，如图9-11所示。

图9-10 设置其他倒计时效果

图9-11 执行"大小和位置"命令

⑨ 设置完成后即可查看倒计时效果，如图9-12所示。

图 9-12 查看设置效果

技巧拓展

在上述实例中"延迟时间"参数用于设置经过几秒后播放动画。

Extra Tip>>>>>>>>>>>>

实例 163

制作动画效果

问题介绍：学校张老师想为新创建的演示文稿添加动画效果，可是她不知道应该怎样操作。下面为大家介绍为幻灯片添加动画效果的操作方法。

① 在PPT中打开"素材\第9章\实例163\国庆节策划方案.pptx"演示文稿，选中图片，选择"动画"选项卡，在"动画"下拉列表中选择满意的动画效果，如图9-13所示。

② 设置完成后单击"预览"按钮查看效果，如图9-14所示。

图 9-13 选择满意的动画效果选项

图 9-14 查看效果

技巧拓展

如果不需要使用任何动画效果，用户可在"动画"下拉列表中选择"无"选项，如图9-15所示。

图 9-15 选择"无"选项

利用动作路径制作动画效果

问题介绍： 公司办公人员小海想利用动作路径来为PPT中的图片制作动画效果，可是他不知道应该怎样操作。下面为大家介绍如何利用动作路径制作动画效果。

① 在PPT中打开"素材\第9章\实例164\家电产品市场分析.pptx"演示文稿，选中图片，选择"动画"选项卡，在"动画"下拉列表中选择"形状"选项，如图9-16所示。

② 设置完成后单击"预览"按钮查看效果，如图9-17所示。

图 9-16 选择满意的动作路径

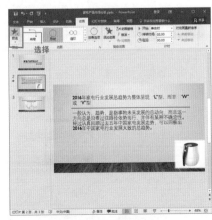

图 9-17 查看效果

189

技巧拓展

如果对列表中的动作路径不满意，可以选择"其他动作路径"选项，在"更改动作路径"对话框中选择满意的动作路径，如图9-18所示。

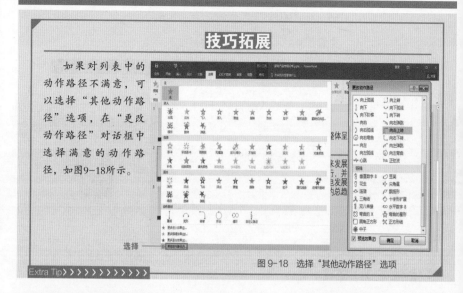

图9-18 选择"其他动作路径"选项

实例 165

让图片和文字同时出现

问题介绍： 公司办公人员小佳在制作产品介绍演示文稿时，想让幻灯片中的产品图片和介绍文字同时出现，可是她不知道怎样操作。下面为大家介绍如何让幻灯片中的产品图片和介绍文字同时出现。

① 在PPT中打开"素材\第9章\实例165\产品发布会.pptx"演示文稿，选中产品图片，选择"动画"选项卡，在下拉列表中选择"飞入"选项，如图9-19所示。

② 选中介绍文字，在"动画"下拉列表中选择"浮入"选项，在"计时"选项组的"开始"下拉列表中选择"与上一动画同时"选项，如图9-20所示。

图9-19 选择"飞入"选项

图9-20 选择"与上一动画同时"选项

③ 设置完成后单击"预览"按钮查看效果，此时产品图片和介绍文字同时出现，如图9-21所示。

图 9-21　查看效果

"开始"下拉列表中的"上一动画之后"选项是指上一动画出现之后再出现此动画，如图9-22所示。

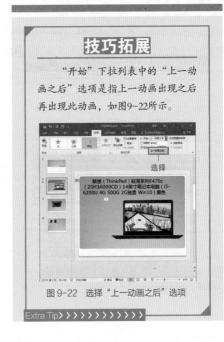

图 9-22　选择"上一动画之后"选项

Extra Tip＞＞＞＞＞＞＞＞＞＞＞＞

实例 166　制作电子字幕效果

问题介绍： 公司办公人员小王发现在美剧、日剧中都有中文电子字幕，因此她突发奇想：能不能在PPT中制作电子字幕效果呢？

难度系数：★★★　　适用版本：07/10/13/16

① 在PPT中打开"素材\第9章\实例166\电子字幕.pptx"演示文稿，选中幻灯片，选择"插入"选项卡，在"文本"选项组中单击"文本框"下拉按钮，在下拉列表中选择"横排文本框"选项，在文本框中输入文本，将文本字体设为"微软雅黑"、字号设为36，字体颜色设为"红色"，如图9-23所示。

图 9-23　输入文本

❷ 选中文本内容，在"动画"选项卡的"动画"列表中选择"直线"选项，如图9-24所示。

图9-24 选择"直线"选项

❸ 单击"效果选项"下拉按钮，选择"上"选项，调整文本位置，并在"计时"选项组中将"持续时间"设为5秒，如图9-25所示。

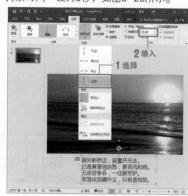

图9-25 选择"上"选项

❹ 设置完成后单击"预览"按钮查看效果，如图9-26所示。

图9-26 查看效果

技巧拓展

用户可以在"动画"下拉列表中选择"自定义路径"选项，在幻灯片中绘制任意路径，按Esc键结束绘制，如图9-27所示。

图9-27 选择"自定义路径"选项

实例 167

制作遮罩动画效果

问题介绍: 语文老师张老师想在PPT中设置遮罩动画效果,来使该演示文稿更美观、更富有个性,可是她不知道应该怎样操作。

① 在PPT中打开"素材\第9章\实例167\遮罩动画效果.pptx"演示文稿,选择"插入"选项卡,在"插图"选项组中单击"形状"下拉按钮,选择"椭圆"选项,按住Shift键绘制圆形,如图9-28所示。

② 选中圆形,选择"动画"选项卡,在"动画"下拉列表中选择"更多强调效果"选项,在"更多强调效果"对话框中选择"闪烁"选项,如图9-29所示。

图 9-28 选择"椭圆"选项 　　　　　　　　图 9-29 选择"闪烁"选项

③ 单击"高级动画"选项组中的"动画窗格"按钮,在弹出的"动画窗格"导航窗格中选择"效果选项"选项,在"闪烁"对话框中选择"效果"选项卡,在"动画播放后"下拉列表中选择"播放动画后隐藏"选项,单击"确定"按钮,如图9-30所示。

④ 设置完成后返回"动画"选项卡,在"开始"下拉列表中选择"上一动画之后"选项,如图9-31所示。

图 9-30 选择"效果选项"选项 　　　　　　　　图 9-31 选择"上一动画之后"选项

⑤ 按Ctrl+D组合键复制图形和图形附带的动作效果，选中所有图形，在"绘图工具—格式"选项卡中将"形状轮廓"设为"无轮廓"，"形状填充"设为与背景色相近的颜色，单击"预览"按钮查看设置效果，如图9-32所示。

图 9-32　查看设置效果

技巧拓展

如果在"形状填充"下拉列表中没有找到与背景色相似的颜色，可选择"取色器"选项，待鼠标指针变为笔状符号时单击需要选取颜色的区域，此时幻灯片中圆形的填充颜色将与背景色一致，如图9-33所示。

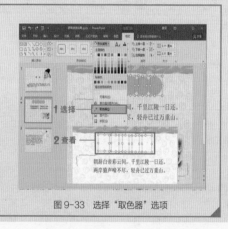

图 9-33　选择"取色器"选项

Extra Tip > > > > > > > > > > >

实例 168　制作字幕滚动特效

问题介绍： 学校李老师想在演示文稿中制作字幕滚动特效来使幻灯片更具有特色，可是他不知道应该怎样操作。下面为大家介绍如何在PPT中制作字幕滚动特效。

① 在PPT中打开"素材\第9章\实例168\字幕滚动特效.pptx"演示文稿，选择"插入"选项卡，在"文本"选项组中单击"文本框"下拉按钮，选择"横排文本框"选项，在文本框中输入文字，并将字体设为"微软雅黑"、字号设为54、字体颜色设为"红色"，如图9-34所示。

② 将文本框置于幻灯片页面区域以外的位置，让最后一个字靠近页面的边缘，选中文本，在"动画"下拉列表中选择"飞入"选项，在"高级动画"选项组中单击"动画窗格"按钮，在"动画窗格"导航窗格中选择"效果选项"选项，如图9-35所示。

图 9-34 输入文本

图 9-35 选择"效果选项"选项

❸ 在"飞入"对话框中选择"效果"选项卡，将"方向"设为"自右侧"。选择"计时"选项卡，将"期间"设为"非常慢（5秒）"，单击"确定"按钮，如图9-36所示。

❹ 设置完成后查看效果，此时文本字幕将会从右侧滚动进入，如图9-37所示。

图 9-36 设置飞入效果

图 9-37 查看效果

技巧拓展

除了可以通过单击"预览"按钮来查看动画设置效果外，用户还可以在"动画窗格"导航窗格中单击"播放自"按钮来查看设置效果，如图9-38所示。

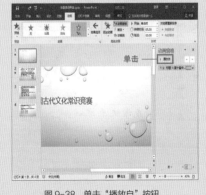

图 9-38 单击"播放自"按钮

Extra Tip〉〉〉〉〉〉〉〉〉〉〉〉

第 1 章

第 2 章

第 3 章

第 4 章

第 5 章

第 6 章

第 7 章

第 8 章

第 9 章

第 10 章

第 11 章

第 12 章

第1章
第2章
第3章
第4章
第5章
第6章
第7章
第8章
第9章
第10章
第11章
第12章

实例 169 制作写字动画效果

问题介绍： 公司办公人员小敏想在演示文稿中创建写字动画效果，可是她不知道应该怎么操作。下面为大家介绍如何在PPT中创建写字动画效果。

① 在PPT中打开"素材\第9章\实例169\绿色植物介绍.pptx"演示文稿，选中最后一张幻灯片，选择"插入"选项卡，在幻灯片中插入"羽毛笔"图片，如图9-39所示。

图9-39 插入图片

③ 按住图片顶部的旋转柄来旋转图片，选择"插入"选项卡，在"文本"选项组中单击"文本框"下拉按钮，选择"横排文本框"选项，在文本框中输入文本，将字体设为"华文行楷"，字号设为66，如图9-41所示。

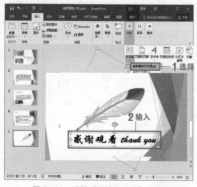

图9-41 选择"横排文本框"选项

② 选中图片，选择"图片工具—格式"选项卡，在"调整"选项组中单击"删除背景"按钮，调整选框的大小，当所需要的区域全部选中后单击"保留更改"按钮，如图9-40所示。

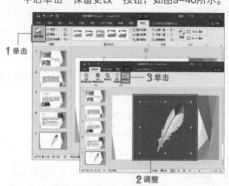

图9-40 删除背景

④ 选中图片，选择"动画"选项卡，在"动画"下拉列表中的"动作路径"选项区域中选择"自定义路径"选项，如图9-42所示。

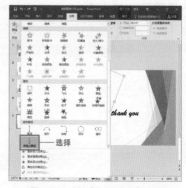

图9-42 选择"自定义路径"选项

⑤ 按书写顺序写这几个字，不用太精确，只要有走势即可，调整文字位置，如图9-43所示。

⑥ 选中文本，选择"动画"选项卡，在"动画"下拉列表的"进入"选项区域中选择"擦除"选项，如图9-44所示。

图 9-43　设置动作路径

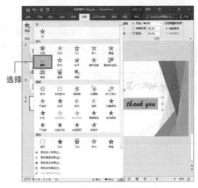

图 9-44　选择"擦除"选项

⑦ 在"高级动画"选项组中单击"动画窗格"按钮，在弹出的"动画窗格"导航窗格中选中文本动画效果，选择"效果选项"选项，在"擦除"对话框中选择"效果"选项卡，将"方向"设为"自左侧"，在"计时"选项卡中将"开始"设为"与上一动画同时"选项，将"期间"设为"12秒"，单击"确定"按钮，如图9-45所示。

⑧ 将图片"持续时间"设为10秒，单击"预览"按钮查看效果，如图9-46所示。

图 9-45　设置动画效果

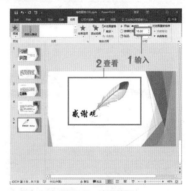

图 9-46　查看效果

技巧拓展

在执行"删除背景"操作时，对无法使用选取框操作的区域，可以单击"标记要保留的区域"按钮，在图片中标记需要保留的区域，或单击"标记要删除的区域"按钮来标记需要删除的区域，如图9-47所示。

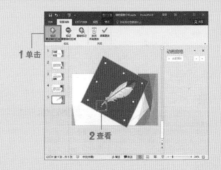

图 9-47　单击"标记要保留的区域"按钮

Extra Tip>>>>>>>>>>>

高效能人士 的 PPT 办公秘技 300 招

第1章
第2章
第3章
第4章
第5章
第6章
第7章
第8章
第9章
第10章
第11章
第12章

制作 3D 立体特效

问题介绍: 公司办公人员小彩想在演示文稿中添加3D立体特效,可是她不知道应该怎样操作。下面为大家介绍在幻灯片中添加3D立体特效的操作方法。

① 在PPT中打开"素材\第9章\实例170\3D立体特效.pptx"演示文稿,选择"插入"选项卡,在"形状"下拉列表中选择"矩形:圆角"选项,在幻灯片中绘制图形,如图9-48所示。

② 选中图形,右击并执行"设置形状格式"命令,在"设置形状格式"导航窗格中单击"效果"按钮,在"阴影"选项区域中将"预设"设为"内部:中",将"顶部棱台"设为"凸圆形","宽度"设为"20磅","高度"设为"12磅";"底部棱台"的"宽度"设为"22磅","高度"设为"6磅",单击"关闭"按钮,如图9-49所示。

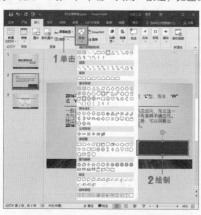

图 9-48　绘制图形

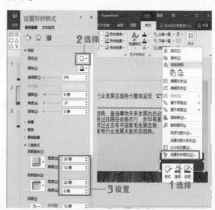

图 9-49　设置形状格式

③ 设置完成后查看效果,此时图形已经变为3D立体效果,如图9-50所示。

图 9-50　查看效果

第 1 章

第 2 章

第 3 章

第 4 章

第 5 章

第 6 章

第 7 章

第 8 章

第 9 章

第 10 章

第 11 章

第 12 章

技巧拓展

除了可以通过执行"设置形状格式"命令来设置3D立体效果外，用户还可以在"绘图工具—格式"选项卡中单击"形状效果"下拉按钮，在列表中选择"预设"选项，在其子列表中选择"三维选项"选项，即可设置3D立体效果，如图9-51所示。

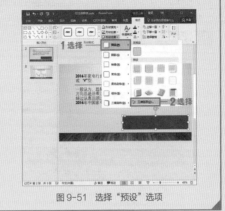

图 9-51　选择"预设"选项

Extra Tip ▶ ▶ ▶ ▶ ▶ ▶ ▶ ▶ ▶ ▶

实例 171

制作彩球升空特效

问题介绍： 幼儿园张老师为了使演示文稿更具吸引力，想在幻灯片中制作彩球升空的效果，可是他不知道应该怎样操作。

❶ 在PPT中打开"素材\第9章\实例171\彩球升空.pptx"演示文稿，在幻灯片中插入彩球图片，选择"图片工具—格式"选项卡，在"调整"选项组中单击"删除背景"按钮，调整选框的大小，当所需要的区域全部选中后单击"保留更改"按钮，如图9-52所示。

❷ 将图片移至幻灯片页面以外的区域，选中图片，选择"动画"选项卡，在"动作路径"选项区域中选择"直线"选项，如图9-53所示。

图 9-52　删除图片背景

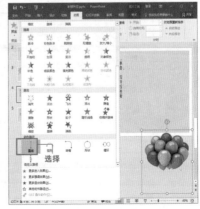

图 9-53　选择"直线"选项

③ 调整彩球移动的起始位置，单击"效果选项"下拉按钮，在下拉列表中选择"上"选项，在"计时"选项组中将"开始"设为"与上一动画同时"，将"持续时间"设为3秒，如图9-54所示。

④ 设置完成后单击"预览"按钮查看效果，如图9-55所示。

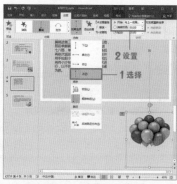

图 9-54　设置动画效果

图 9-55　查看效果

技巧拓展

单击"动画窗格"按钮，在"动画窗格"导航窗格中选择"计时"选项，在"向上"对话框中将"重复"值设为10，即此动画重复10次，如图9-56所示。

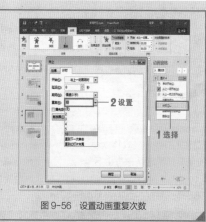

图 9-56　设置动画重复次数

Extra Tip ▶ ▶ ▶ ▶ ▶ ▶ ▶ ▶ ▶ ▶ ▶

实例 172　制作礼花绽放特效

问题介绍： 公司办公人员小蕊想在PPT中制作礼花绽放效果，可是她不知道应该怎样操作。下面为大家介绍如何使用演示文稿制作礼花绽放效果。

难度系数：★★★　适用版本：07/13/16

① 新建演示文稿，将幻灯片背景设为黑色，在幻灯片中插入礼花图片，选择"动画"选项卡，在"动画"选项组的"其他"下拉列表中选择"进入"选项，在子列表中选择"擦除"效果，将"开始"设为"与上一动画同时"，如图9-57所示。

② 在"高级动画"选项组中单击"添加动画"下拉按钮，在下拉列表的"退出"选项区域中选择"淡出"效果，将"开始"设为"上一动画之后"，如图9-58所示。

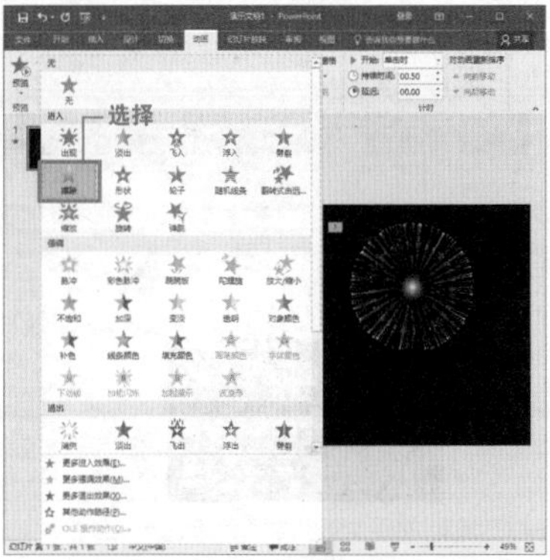

图 9-57 选择"擦除"效果

图 9-58 添加"淡出"效果

3 单击"动画窗格"按钮,在"动画窗格"导航窗格中选中设置"淡出"效果的图片,选择"计时"选项,在"淡出"对话框中将"延迟"设为0.3秒,"期间"设为"快速(1秒)",如图9-59所示。

4 单击"添加动画"下拉按钮,在下拉列表中选择"更多进入效果"选项,在"添加进入效果"对话框中选择"缩放"选项,单击"确定"按钮,如图9-60所示。

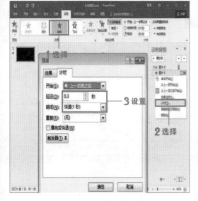

图 9-59 设置动画效果

图 9-60 选择"更多进入效果"选项

5 继续单击"添加动画"下拉按钮,在下拉列表中的"强调"选项区域选择"放大/缩小"选项,如图9-61所示。

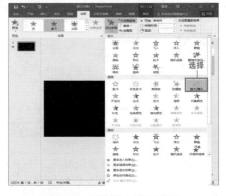

图 9-61 选择"放大/缩小"选项

第1章
第2章
第3章
第4章
第5章
第6章
第7章
第8章
第9章
第10章
第11章
第12章

⑥ 最后为图形添加"淡出"效果，将"开始"设为"上一动画之后"，如图9-62所示。

⑦ 设置完成后单击"预览"按钮查看效果，如图9-63所示。

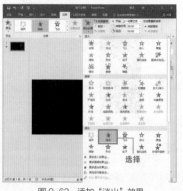

图 9-62　添加"淡出"效果

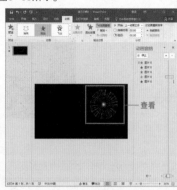

图 9-63　查看效果

技巧拓展

如果希望礼花能够不停地绽放，可以继续添加"缩放"效果，在"缩放"对话框中将"期间"设为"慢速（3秒）"，"重复"设为10，如图9-64所示。

图 9-64　设置缩放效果

Extra Tip＞＞＞＞＞＞＞＞＞＞＞＞

实例
173
难度系数：★★★
适用版本：07/13/16

制作群鸽放飞效果

问题介绍： 公司办公人员小佳想在演示文稿中添加群鸽放飞效果，可是她不知道应该怎样操作。下面为大家介绍如何使用PPT制作群鸽放飞效果。

① 在PPT中打开"素材\第9章\实例173\世界和平.pptx"演示文稿，在幻灯片中插入图片，选择"图片工具—格式"选项卡，在"调整"选项组中单击"删除背景"按钮，设置完成后单击"保留更改"按钮，如图9-65所示。

② 将图片移至幻灯片页面以外的区域，按Ctrl+D组合键复制图片，调整图片位置。选择"开始"选项卡，在"编辑"选项组中单击"选择"下拉按钮，选择"选择对象"选项，拖动鼠标选择所有图片，如图9-66所示。

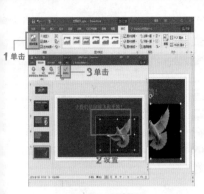

图 9-65 删除背景

图 9-66 选择所有图片

③ 选择"图片工具—格式"选项卡，在"排列"选项组中单击"组合"下拉按钮，在下拉列表中选择"组合"选项，即可将选中的图片组合成一个整体，如图9-67所示。

④ 选中图片，选择"动画"选项卡，在"动作路径"选项区域中选择"自定义路径"选项，如图9-68所示。

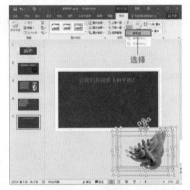

图 9-67 组合图片

图 9-68 选择"自定义路径"选项

⑤ 在幻灯片中绘制动作路径，在"计时"选项组中将"持续时间"设为6秒，如图9-69所示。

⑥ 设置完成后单击"预览"按钮查看效果，如图9-70所示。

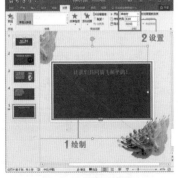

图 9-69 绘制动作路径

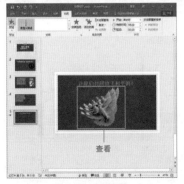

图 9-70 查看效果

第 1 章
第 2 章
第 3 章
第 4 章
第 5 章
第 6 章
第 7 章
第 8 章
第 9 章
第 10 章
第 11 章
第 12 章

第1章
第2章
第3章
第4章
第5章
第6章
第7章
第8章
第9章
第10章
第11章
第12章

技巧拓展

如果需要将幻灯片中多个图形设置同样的动画效果，可以在"高级动画"选项组中单击"动画刷"按钮，然后单击其他图形，即可复制同样的动画效果，如图9-71所示。

图 9-71　单击"动画刷"按钮

Extra Tip ＞＞＞＞＞＞＞＞＞＞＞＞＞

实例 174

制作卷轴动画效果

问题介绍： 为了使演示文稿更具特色，公司办公人员小唐想在演示文稿中添加卷轴动画效果，可是他不知道应该怎样操作。下面为大家介绍如何使用PPT制作卷轴动画效果。

难度系数：★★★　　适用版本：07/13/16

❶ 在PPT中打开"素材\第9章\实例174\礼仪之邦—中国.pptx"演示文稿，选中需要插入卷轴动画的幻灯片，选择"插入"选项卡，在"插图"选项组中单击"形状"下拉按钮，在下拉列表中选择相应的选项，在幻灯片中绘制两个圆柱形和一个圆角矩形，如图9-72所示。

❷ 调整图形位置，选中左边的圆柱形，选择"动画"选项卡，在"动画"下拉列表的"进入"子列表中选择"淡出"选项，将"开始"设为"单击时"，"持续时间"设为0.5秒，如图9-73所示。

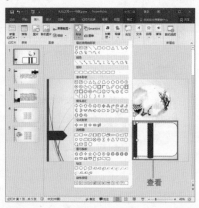

图 9-72　绘制形状

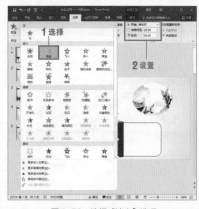

图 9-73　选择"淡出"选项

❸ 选中右边的圆柱形，在"动画"下拉列表的"进入"子列表中选择"淡出"选项，将"开始"设为"与上一动画同时"，"持续时间"设为0.5秒，如图9-74所示。

❹ 选中左边的圆柱形，在"高级动画"选项组中单击"添加动画"下拉按钮，在"动作路径"选项区域中选择"直线"选项，单击"效果选项"下拉按钮，在列表中选择"靠左"选项，此时圆柱形将会向左移动，如图9-75所示。

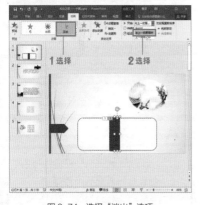

图 9-74　选择"淡出"选项

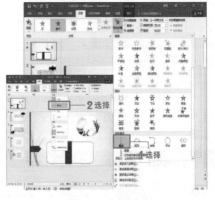

图 9-75　设置动作路径

❺ 同样地，选中右边的圆柱形，在"高级动画"选项组中单击"添加动画"下拉按钮，在"动作路径"选项区域中选择"直线"选项，单击"效果选项"下拉按钮，在列表中选择"右"选项，此时圆柱形将会向右移动，如图9-76所示。

❻ 选中左边卷轴，将"开始"设为"上一动画之后"，"持续时间"设为02.00，"延迟"设为00.00。继续选中右边卷轴，将"开始"设为"与上一动画同时"，"持续时间"设为02.00，"延迟"设为00.00，如图9-77所示。

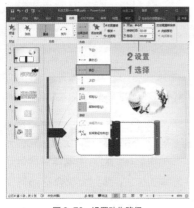

图 9-76　设置动作路径

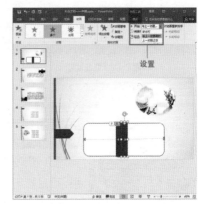

图 9-77　调整路径播放的时间和顺序

❼ 选中矩形，在"动画"下拉列表中选择"劈裂"效果，将"开始"设为"与上一动画同时"，"持续时间"设为01.40，"延迟"设为00.30，如图9-78所示。

❽ 在矩形中输入文本，将"字体"设为"微软雅黑"、"字号"设为54。选择"动画"选项卡，将"动画"效果设为"淡出"，将"开始"设为"与上一动画同时"，"持续时间"设为02.00，延迟设为00.75，如图9-79所示。

第1章
第2章
第3章
第4章
第5章
第6章
第7章
第8章
第9章
第10章
第11章
第12章

图 9-78　设置矩形动画效果

图 9-79　添加文本内容

⑨ 设置完成后单击"预览"按钮查看效果，如图9-80所示。

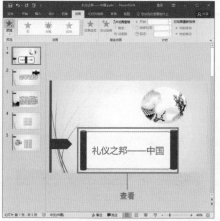

图 9-80　查看效果

技巧拓展

如果对列表中的动作路径不满意，可选择"其他动作路径"选项，在"添加动作路径"对话框中选择满意的动作路径，如图9-81所示。

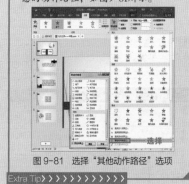

图 9-81　选择"其他动作路径"选项

Extra Tip ＞＞＞＞＞＞＞＞＞＞＞＞＞

制作钟摆运动效果

问题介绍：公司办公人员小李想在幻灯片中制作钟摆运动效果，可是她不知道应该怎样操作。下面为大家介绍如何使用PPT制作钟摆运动效果。

① 在PPT中打开"素材\第9章\实例175\钟摆运动.pptx"演示文稿，选择"插入"选项卡，在幻灯片中绘制直线和圆形，如图9-82所示。

② 按住Ctrl键选中绘制的两个图形，选择"绘图工具—格式"选项卡，在"排列"选项组中单击"组合"下拉按钮，选择"组合"选项，如图9-83所示。

图 9-82　绘制图形

图 9-83　选择"组合"选项

❸ 按Ctrl+D组合键复制组合形状，选中左侧的图形，在"动画"选项组中选择"强调"子列表中的"陀螺旋"选项，如图9-84所示。

❹ 单击"动作窗格"按钮，在"动作窗格"导航窗格中选择"效果选项"选项，在"陀螺旋"对话框中将"数量"设为"90°顺时针"，勾选"自动翻转"复选框，单击"确定"按钮，如图9-85所示。

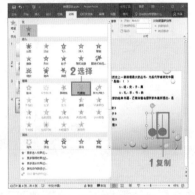

图 9-84　选择"陀螺旋"选项

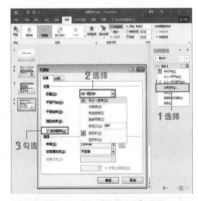

图 9-85　选择"效果选项"选项

❺ 添加"消失"动画效果，将"开始"设为"上一动画之后"，"延迟"设为00.00，如图9-86所示。

图 9-86　添加"消失"动画效果

高效能人士 的 PPT 办公秘技 300 招

第1章
第2章
第3章
第4章
第5章
第6章
第7章
第8章
第9章
第10章
第11章
第12章

⑥ 选中右侧的图形，将"动画效果"设为"淡出"，将"开始"设为"上一动画之后"，"持续时间"设为00.01，"延迟"设为00.00，如图9-87所示。

⑦ 单击"添加动画"下拉按钮，在"强调"子列表中选择"陀螺旋"选项，单击"动作窗格"按钮，在"动作窗格"导航窗格中选择"效果选项"选项，在"陀螺旋"对话框中将"数量"设为"90° 逆时针"，勾选"自动翻转"复选框，单击"确定"按钮，如图9-88所示。

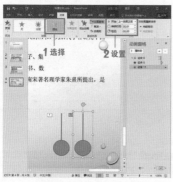

图 9-87　设置动画效果

图 9-88　设置强调效果

⑧ 将两个图形重叠在一起，单击"预览"按钮查看效果，如图9-89所示。

图 9-89　查看效果

技巧拓展

如果需要删除动画，可以在"动画窗格"导航窗格中选择"删除"选项，如图9-90所示。

图 9-90　查看效果

实例
176

制作牡丹花自然盛开效果

问题介绍：公司办公人员小江创建演示文稿后，想在幻灯片中制作让牡丹花自然盛开的效果，可是他不知道应该怎样操作。

难度系数：★★★　适用版本：07/13/16

❶ 在PPT中打开"素材\第9章\实例176\牡丹花.pptx"演示文稿，选中图片，选择"图片工具—格式"选项卡，在"调整"选项组中单击"删除背景"按钮，调整选取框后单击"保留更改"按钮，如图9-91所示。

❷ 选中图片，在"动画"下拉列表中选择"进入"选项区域中的"浮入"选项，如图9-92所示。

图9-91　单击"删除背景"按钮

图9-92　选择"浮入"选项

❸ 单击"添加动画"下拉按钮，在"强调"选项区域中选择"放大/缩小"选项，如图9-93所示。

❹ 单击"动画窗格"按钮，在"动画窗格"导航窗格中选择"效果选项"选项，在"放大/缩小"对话框中选择"计时"选项卡，将"开始"设为"上一动画之后"，"期间"设为"非常慢（5秒）"，如图9-94所示。

图9-93　选择"放大/缩小"选项

图9-94　设置动画效果

第1章
第2章
第3章
第4章
第5章
第6章
第7章
第8章
第9章
第10章
第11章
第12章

❺ 设置完成后单击"预览"按钮查看效果，如图9-95所示。

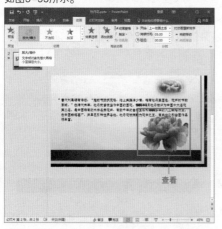

图9-95 查看效果

技巧拓展

单击"效果选项"下拉按钮，在下拉列表中可以选择图片运动方向和变化幅度，如图9-96所示。

图9-96 单击"效果选项"下拉按钮

Extra Tip ＞＞＞＞＞＞＞＞＞＞＞＞

实例 177

制作字号渐次由小变大效果

问题介绍：学校王老师想在PPT中设置字号渐次由小变大的效果，可是他不知道应该怎样操作。下面为大家介绍如何使用PPT制作字号渐次由小变大的效果。

❶ 在PPT中打开"素材\第9章\实例177\字号渐次由小变大.pptx"演示文稿，选中文本，右击并执行"字体"命令，在"字体"对话框中选择"字符间距"选项卡，将"间距"设为"加宽"，"度量值"设为12磅，单击"确定"按钮，如图9-97所示。

❷ 选中文本，在"动画"选项卡中设置"放大/缩小"的动画效果，如图9-98所示。

图9-97 设置字符间距

图9-98 选择"放大/缩小"选项

❸ 在"动画窗格"导航窗格中选择"效果选项"选项,在"放大/缩小"对话框中选择"效果"选项卡,在"增强"选项区域中将"动画文本"设为"按字母",并将字母之间延迟比例设为75%,单击"确定"按钮,如图9-99所示。

❹ 设置完成后单击"预览"按钮查看效果,如图9-100所示。

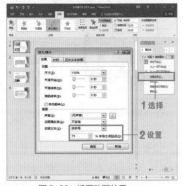

图 9-99　设置动画效果

图 9-100　查看效果

技巧拓展

　　如果希望渐次放大后再渐次缩小字体,只需要在"放大/缩小"对话框中勾选"自动翻转"复选框,如图9-101所示。

图 9-101　勾选"自动翻转"复选框

Extra Tip ＞ ＞ ＞ ＞ ＞ ＞ ＞ ＞ ＞ ＞ ＞ ＞

实例 178

制作永不停息的跑马灯效果

问题介绍: 公司办公人员小佳想在演示文稿中使用图片来制作跑马灯效果,可是她不知道应该怎样操作。下面为大家介绍如何使用PPT制作永不停息的跑马灯效果。

❶ 在PPT中打开"素材\第9章\实例178\观花植物品种大全.pptx"演示文稿,在幻灯片中插入图片,如图9-102所示。

❷ 按住Ctrl键选中所有图片,右击并执行"大小和位置"命令,在"设置图片格式"导航窗格中单击"大小与属性"按钮,将"高度"设为"6厘米",并勾选"锁定纵横比"复选框,如图9-103所示。

高效能人士 的 PPT 办公秘技 300 招

第1章
第2章
第3章
第4章
第5章
第6章
第7章
第8章
第9章
第10章
第11章
第12章

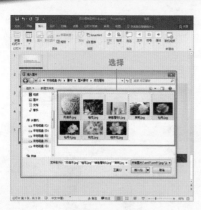

图 9-102　插入图片

图 9-103　设置图片大小

❸ 选中所有图片，将"动画效果"设为"飞入"，在"效果选项"下拉列表中选择"自右侧"选项，将"开始"设为"与上一动画同时"，"持续时间"设为 05.00，如图 9-104 所示。

❹ 继续选中所有图片，添加"飞出"动画效果，在"效果选项"下拉列表中选择"到左侧"选项，将"开始"设为"与上一动画同时"，"持续时间"设为 03.00，如图 9-105 所示。

图 9-104　设置进入动画效果

图 9-105　添加退出动画效果

❺ 在"动画窗格"导航窗格中调整每张图片出现的顺序，即让每一张图片一进一退，设置完成后单击"预览"按钮查看效果，如图 9-106 所示。

图 9-106　查看效果

技巧拓展

在"图片工具—格式"选项卡中单击"大小"选项组的对话框启动器按钮，也可弹出"设置图片格式"导航窗格，如图9-107所示。

Extra Tip

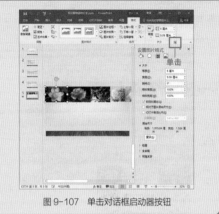

图9-107 单击对话框启动器按钮

实例 179

制作逐渐显示的变色文字效果

问题介绍： 为了使演示文稿更富有特色，学校的张老师想在PPT中制作逐渐显示的变色文字效果，可是她不知道应该怎样操作。

① 在PPT中打开"素材\第9章\实例179\逐个显示的变色文字.pptx"演示文稿，选择"插入"选项卡，在"文本"选项组中单击"文本框"下拉按钮，选择"横排文本框"选项，在幻灯片中绘制文本框，并输入文本，将"字体"设为"微软雅黑"，"字号"设为72，"字符间距"设为"加宽"、"度量值"设为"15磅"，如图9-108所示。

② 选择"动画"选项卡，在"动画"下拉列表中选择"更多强调效果"选项，在"更改强调效果"对话框中选择"闪烁"选项，单击"确定"按钮，如图9-109所示。

图9-108 绘制文本框

图9-109 设置强调效果

③ 按Ctrl+D组合键复制文本框，在"动画"选项卡中将"开始"设为"上一动画之后"，字体颜色设为"红色"。选中文本框，右击并执行"置于底层"命令，在其子列表中选择"置于底层"选项，如图9-110所示。

④ 继续按Ctrl+D组合键复制文本框，在"动画"选项卡中将"开始"设为"上一动画之后"，字体颜色设为"黄色"，选中文本框，右击并执行"置于底层"命令，在其子列表中选择"置于底层"选项，如图9-111所示。

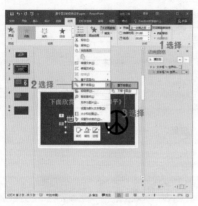

图9-110 选择"置于底层"选项

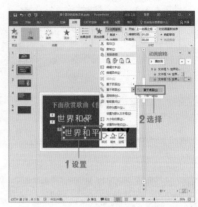

图9-111 选择"置于底层"选项

⑤ 重复相同的操作步骤，分别将文本颜色设为"绿色"、"深蓝色"。在"动画窗格"导航窗格中选中"文本框1"，在"添加动画"下拉列表中选择"消失"效果，如图9-112所示。

⑥ 重复同样的操作步骤，分别为文本框14~文本框17添加"消失"效果，并在"动画窗格"导航窗格中调整每个文本框出现的顺序。选择"开始"选项卡，在"编辑"选项组中选择所有文本框，如图9-113所示。

图9-112 添加"消失"效果

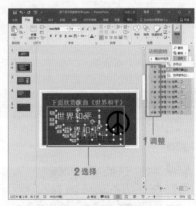

图9-113 继续添加"消失"效果

⑦ 选择"绘图工具—格式"选项卡，在"排列"选项组中单击"对齐对象"下拉按钮，在下拉列表中依次选择"水平居中"和"垂直居中"选项，如图9-114所示。

⑧ 将所有文本框动画效果均设为"上一动画之后"，单击"预览"按钮查看效果，如图9-115所示。

图 9-114　设置对齐方式

图 9-115　查看效果

技巧拓展

在"计时"选项组中单击"向前移动"或"向后移动"按钮，即可在"动画窗格"导航窗格中向上或下选择文本框，如图9-116所示。

图 9-116　单击"向前移动"或"向后移动"按钮

Extra Tip ＞＞＞＞＞＞＞＞＞＞＞＞

创建超链接

问题介绍： 公司办公人员小佳想在演示文稿中创建超链接，可是她不知道应该怎样操作。下面为大家介绍如何在演示文稿中创建超链接。

① 在PPT中打开"素材\第9章\实例180\国庆节策划方案.pptx"演示文稿，选中需要添加超链接的文本，选择"插入"选项卡，在"链接"选项组中单击"超链接"按钮，如图9-117所示。

② 在"插入超链接"对话框中选择"本文档中的位置"选项，在右侧列表框中选择"指导思想"选项，单击"确定"按钮，如图9-118所示。

第 1 章　第 2 章　第 3 章　第 4 章　第 5 章　第 6 章　第 7 章　第 8 章　第 9 章　第 10 章　第 11 章　第 12 章

第1章
第2章
第3章
第4章
第5章
第6章
第7章
第8章
第9章
第10章
第11章
第12章

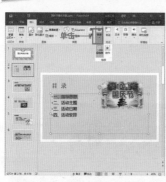

图 9-117　单击"超链接"按钮

图 9-118　选择"指导思想"选项

③ 使用同样的操作方法，继续为其他文本创建超链接。按住Ctrl键并单击，即可快速跳转至链接到的幻灯片，如图9-119所示。

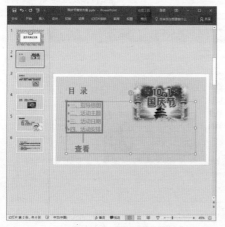

图 9-119　查看效果

技巧拓展

除了使用上述方法创建超链接外，用户还可以选中需要创建超链接的文本，右击并执行"超链接"命令，如图9-120所示。

图 9-120　执行"超链接"命令

Extra Tip ＞＞＞＞＞＞＞＞＞＞＞＞

设置超链接的格式

问题介绍：王老师为文本创建超链接后，对超链接的格式不满意，想对设置的超链接格式进行编辑，可是又不知道应该怎样操作。下面为大家介绍如何设置超链接的格式。

难度系数 ★★★　　适用版本　07/10/13/16

① 在PPT中打开"素材\第9章\实例181\国庆节策划方案.pptx"演示文稿，选中文本，选择"设计"选项卡，单击"变体"选项组中"其他"下拉按钮，在下拉列表中选择"颜色"选项，在其子列表中选择"自定义颜色"选项，如图9-121所示。

❷ 弹出"新建主题颜色"对话框，单击"已访问的超链接"下拉按钮，选择满意的颜色（如红色），单击"保存"按钮保存设置，如图9-122所示。

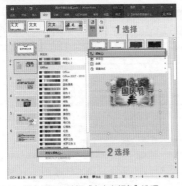

图 9-121 选择"自定义颜色"选项

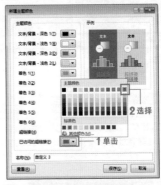

图 9-122 设置超链接格式

❸ 设置完成后查看效果，此时已访问的超链接变为红色，如图9-123所示。

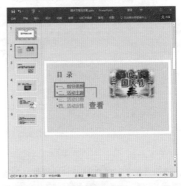

图 9-123 查看效果

技巧拓展

如果对还未访问的超链接格式不满意，只需要在"新建主题颜色"对话框中单击"超链接"下拉按钮，在列表中选择满意的颜色，如图9-124所示。

图 9-124 设置超链接的颜色

Extra Tip》》》》》》》》》》》

第1章
第2章
第3章
第4章
第5章
第6章
第7章
第8章
第9章
第10章
第11章
第12章

实例 182

难度系数：★★★

适用版本：07/10/13/16

设置超链接提示信息

问题介绍：公司办公人员小陈创建完超链接后，想为超链接设置提示信息，可是他不知道应该怎样操作。下面为大家介绍如何设置超链接的提示信息。

① 在PPT中打开“素材\第9章\实例182\幼儿园游戏策划.pptx”演示文稿，选择“插入”选项卡，在“链接”选项组中单击“超链接”按钮，如图9-125所示。

② 在弹出的“编辑超链接”对话框中单击“屏幕提示”按钮，弹出“设置超链接屏幕提示”对话框，在“屏幕提示文字”文本框中输入“游戏玩法”文本，单击“确定”按钮，如图9-126所示。

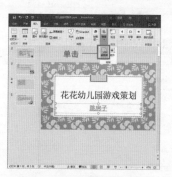

图9-125 单击“超链接”按钮

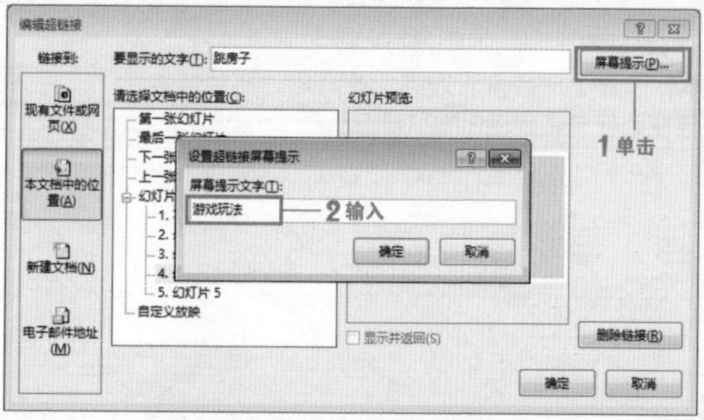

图9-126 输入屏幕提示文字

③ 设置完成后将光标移至超链接处，查看设置的屏幕提示信息效果，如图9-127所示。

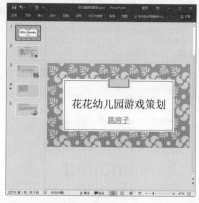

图9-127 查看效果

技巧拓展

选中创建超链接的文本并右击，执行“编辑超链接”命令，也可弹出“编辑超链接”对话框，如图9-128所示。

图9-128 执行“编辑超链接”命令

Extra Tip

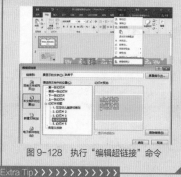

实例 183

难度系数：★★

适用版本：07/10/13/16

清除超链接

问题介绍：公司办公人员小林想清除演示文稿中的超链接，可是他不知道应该怎样操作。下面为大家介绍清除演示文稿中超链接的操作方法。

① 在PPT中打开“素材\第9章\实例183\清除超链接.pptx”演示文稿，选中创建超链接的文本，选择“插入”选项卡，在“链接”选项组中单击“超链接”按钮，如图9–129所示。

② 在弹出的“编辑超链接”对话框中单击“删除链接”按钮，如图9–130所示。

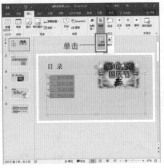

图 9–129　单击“超链接”按钮

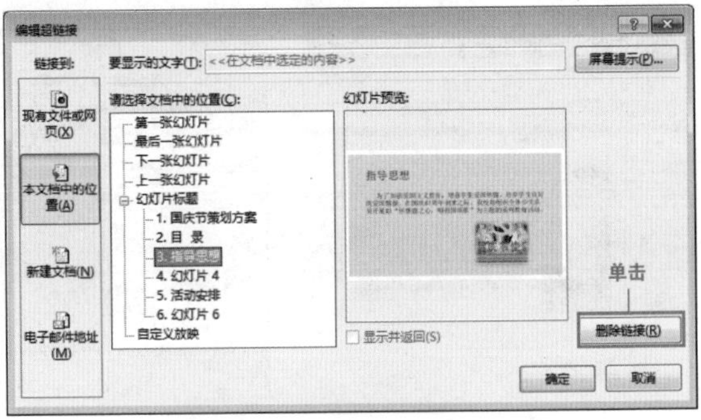

图 9–130　单击“删除链接”按钮

③ 设置完成后即可将超链接删除，如图9–131所示。

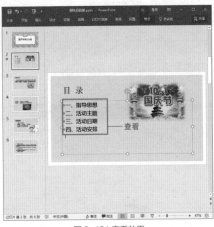

图 9–131 查看效果

技巧拓展

除了上述方法外，用户也可以右击超链接，执行“取消超链接”命令来清除超链接，如图9–132所示。

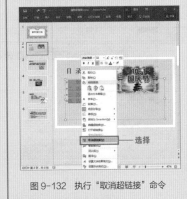

图 9–132　执行“取消超链接”命令

Extra Tip››››››››››››

实例 184

难度系数·★★★　适用版本·07/10/13/16

链接到其他演示文稿

问题介绍：公司办公人员小佳想将幻灯片链接到不同的演示文稿中，可是她不知道应该怎样操作。下面为大家介绍如何将幻灯片链接到其他演示文稿。

❶ 在PPT中打开"素材\第9章\实例184\礼仪之邦——中国.pptx"演示文稿，选中创建超链接的文本，选择"插入"选项卡，在"链接"选项组中单击"超链接"按钮，如图9-133所示。

❷ 在"插入超链接"对话框中选择"现有文件或网页"选项，在"查找范围"文本框内选择需要设置超链接的演示文稿，单击"确定"按钮，如图9-134所示。

图 9-133　单击"超链接"按钮

图 9-134　选择需要设置超链接的演示文稿

❸ 设置完成后单击创建超链接的文本，即可快速跳转至链接到的演示文稿，如图9-135所示。

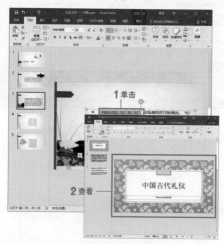

图 9-135　查看超链接效果

技巧拓展

除了可以通过文本链接到不同演示文稿外，还可以通过图片链接到不同演示文稿，如图9-136所示。

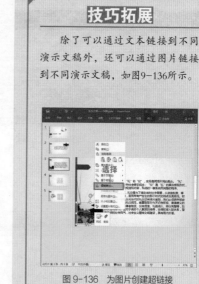

图 9-136　为图片创建超链接

Extra Tip ＞＞＞＞＞＞＞＞＞＞＞

链接到 Web 上的网页或文件

问题介绍： 公司办公人员小凯想在幻灯片中链接Web上的网页或文件，可是他不知道应该怎样操作。下面为大家介绍如何在幻灯片中链接Web上的网页或文件。

① 在PPT中打开"素材\第9章\实例185\有志者事竟成.pptx"演示文稿，选中文本，右击并执行"超链接"命令，如图9-137所示。

② 在"插入超链接"对话框中选择"现有文件或网页"选项，在"地址"文本框中输入Web地址，单击"确定"按钮，如图9-138所示。

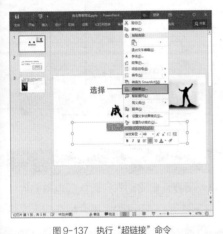

图 9-137　执行"超链接"命令

图 9-138　输入 Web 地址

③ 设置完成后单击超链接文本，即可快速跳转至链接到Web上的网页，如图9-139所示。

图 9-139　查看效果

技巧拓展

在"插入超链接"对话框中除了可以直接输入Web地址外，还可以单击"浏览过的网页"按钮，在列表中选择浏览过的Web网页地址，如图9-140所示。

图9-140 单击"浏览过的网页"按钮

实例 186

链接到电子邮件

问题介绍： 公司办公人员夏莉想将幻灯片链接到电子邮件地址，可是又不知道应该怎样操作。下面为大家介绍在演示文稿中链接电子邮件地址的操作方法。

① 在PPT中打开"素材\第9章\实例186\世界和平.pptx"演示文稿，选中创建超链接的文本，选择"插入"选项卡，在"链接"选项组中单击"超链接"按钮，如图9-141所示。

② 在"插入超链接"对话框中选择"电子邮件地址"选项，在右侧区域中输入"电子邮件地址"和"主题"内容，单击"确定"按钮，如图9-142所示。

图9-141 单击"超链接"按钮

图9-142 输入链接到的电子邮件地址

技巧拓展

如果需要复制超链接，可以选中创建超链接的文本，右击并执行"复制链接"命令，如图9-143所示。

图 9-143 执行"复制链接"命令

实例 187

链接到新文件

问题介绍： 语文老师李老师想要将幻灯片链接到新文件，可是她不知道应该怎样操作。下面为大家介绍在幻灯片中链接新文件的操作方法。

1 在PPT中打开"素材\第9章\实例187\诗经.pptx"演示文稿，选中创建超链接的文本，选择"插入"选项卡，在"链接"选项组中单击"超链接"按钮，如图9-144所示。

2 在"插入超链接"对话框中选择"新建文档"选项，在"新建文档名称"文本框中输入"诗经注释"文本，单击"确定"按钮，如图9-145所示。

图 9-144 单击"超链接"按钮

图 9-145 输入新建文档的名称

第1章

第2章

第3章

第4章

第5章

第6章

第7章

第8章

第9章

第10章

第11章

第12章

❸ 设置完成后查看效果，如图9-146所示。

图9-146 查看效果

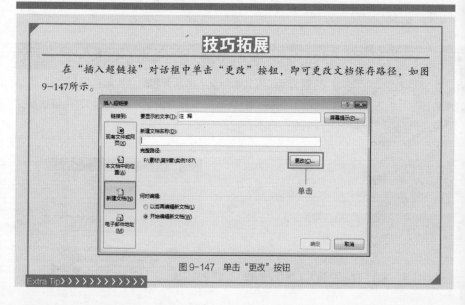

技巧拓展

在"插入超链接"对话框中单击"更改"按钮，即可更改文档保存路径，如图9-147所示。

图9-147 单击"更改"按钮

Extra Tip ＞＞＞＞＞＞＞＞＞＞＞＞

实例 188 绘制动作按钮

问题介绍: 公司办公人员小曾想要在幻灯片中绘制动作按钮，可是他不知道应该怎样操作。下面为大家介绍如何在幻灯片中绘制动作按钮。

❶ 在PPT中打开"素材\第9章\实例188\岗前培训内容.pptx"演示文稿，选择"插入"选项卡，在"插图"选项组中单击"形状"下拉按钮，在下拉列表中选择满意的动作按钮，如图9-148所示。

❷ 在幻灯片中绘制动作按钮，此时将弹出"操作设置"对话框，单击"确定"按钮，如图9-149所示。

图 9-148 选择满意的动作按钮

图 9-149 绘制动作按钮

❸ 选中按钮，选择"绘图工具-格式"选项卡，在"形状样式"选项组中单击"形状填充"下拉按钮，在下拉列表中选择满意的颜色（如红色），如图9-150所示。

新员工岗前培训

图 9-150 设置形状填充颜色

技巧拓展

在"形状"下拉列表中除了"动作按钮：前进或下一项"按钮选项外，还有"动作按钮：后退或前一项" ◁ 、"动作按钮：转到主页" 🏠 等选项，如图9-151所示。

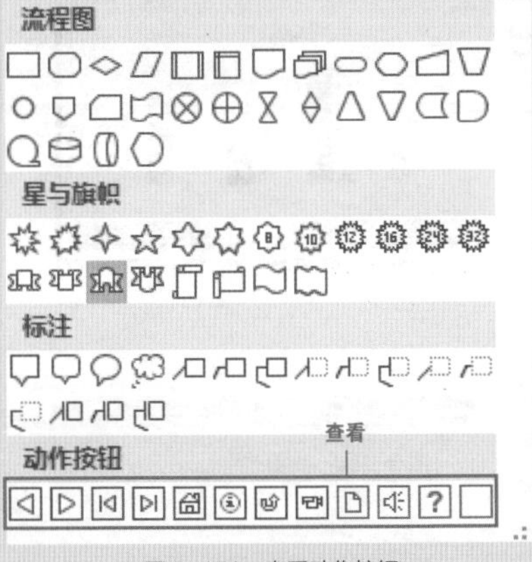

流程图

星与旗帜

标注

动作按钮　　查看

图 9-151 查看动作按钮

Extra Tip>>>>>>>>>>

第1章
第2章
第3章
第4章
第5章
第6章
第7章
第8章
第9章
第10章
第11章
第12章

实例 189　为文本或图形添加动作

问题介绍： 公司办公人员小霞想在演示文稿中为文本添加动作，可是她不知道应该怎样操作。下面为大家介绍如何在演示文稿中为文本添加动作。

① 在PPT中打开"素材\第9章\实例189\销售业绩分析表.pptx"演示文稿，选中文本，选择"插入"选项卡，在"链接"选项组中单击"动作"按钮，如图9-152所示。

② 弹出"操作设置"对话框，选择"单击鼠标"选项卡，在"单击鼠标时的动作"选项区域中选择"超链接到"单选按钮，在下拉列表中选择"最后一张幻灯片"选项，单击"确定"按钮，如图9-153所示。

图 9-152　单击"动作"按钮

图 9-153　选择"最后一张幻灯片"选项

③ 播放演示文稿时单击创建动作的文本，即可跳转至超链接到的幻灯片，如图9-154所示。

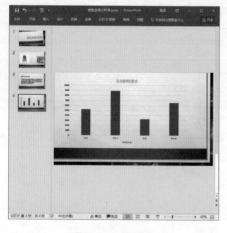

图 9-154　查看效果

技巧拓展

在"操作设置"对话框中选择"超链接到"单选按钮，在下拉列表中选择"其他文件"选项，即可链接到其他文件，如图9-155所示。

图 9-155　链接到其他文件

Extra Tip ＞＞＞＞＞＞＞＞＞＞＞

实例 190

创建鼠标悬停动作

问题介绍: 公司办公人员小龙想设置鼠标悬停动作,可是他不知道应该怎样设置。下面为大家介绍如何创建鼠标悬停动作。

① 在PPT中打开"素材\第9章\实例190\员工入岗培训.pptx"演示文稿,选中图片,选择"插入"选项卡,在"链接"选项组中单击"动作"按钮,如图9-156所示。

② 在"操作设置"对话框中选择"鼠标悬停"选项卡,在"鼠标移过时的动作"选项区域中选择"超链接到"单选按钮,在下拉列表中选择"最后一张幻灯片"选项,单击"确定"按钮,如图9-157所示。

图 9-156　单击"动作"按钮

图 9-157　设置鼠标动作

③ 播放演示文稿时将鼠标指针置于图片上,即可跳转至超链接到的幻灯片,如图9-158所示。

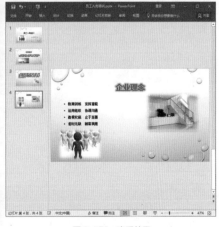

图 9-158　查看效果

技巧拓展

　　如果需要修改鼠标动作,可选中图片并右击,执行"编辑超链接"命令,如图9-159所示。

图 9-159　执行"编辑超链接"命令

Extra Tip ＞＞＞＞＞＞＞＞＞＞＞＞

第1章

第2章

第3章

第4章

第5章

第6章

第7章

第8章

第9章

第10章

第11章

第12章

职场小知识

木桶定律

简介: 一只沿口不齐的木桶, 盛水的多少, 不在于木桶上最长的那块木板, 而在于最短的那块木板。

木桶定律也称短板效应, 是由美国管理学家彼得提出的。其是讲一只沿口不齐的木桶, 盛水的多少, 不在于木桶上最长的那块木板, 而在于最短的那块木板。要想提高木桶的整体容量, 不是去加长最长的那块木板, 而是要下功夫依次补齐最短的木板。此外, 一只木桶能够装多少水, 不仅取决于每一块木板的长度, 还取决于木板间的结合是否紧密。如果木板间存在缝隙, 同样无法装满水, 甚至一滴水都没有。

这就是说任何一个组织, 可能面临的一个共同问题, 即构成组织的各个部分往往是优劣不齐的, 而劣势部分往往决定整个组织的水平。

每个企业都是不同的木桶, 所以木桶的大小也不完全一致。直径大的木桶, 储水量自然要大于其他木桶。各企业在进入市场之初, 起步是不完全一样的, 有的基础扎实, 有的基础薄弱, 有的资源面广, 有的资源面窄, 这都对企业最初的发展起到关键的作用。

"木桶定律"与"酒与污水定律"不同, 后者讨论的是组织中的破坏力量, "最短的木板"却是组织中有用的一个部分, 只不过比其分部分差一些, 你不能把它们当成烂苹果扔掉。强弱只是相对而言的, 无法消除, 问题在于你容忍这种弱点到什么程度, 如果严重到成为阻碍工作的瓶颈, 就不得不有所动作了。

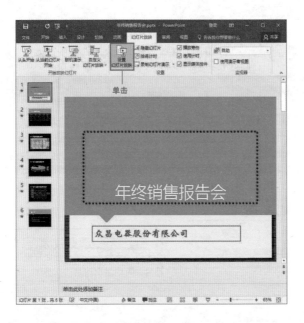

第 10 章
PPT 的
放映与输出

制作PPT演示文稿的最终目的是实现放映功能，在PowerPoint中有很多种放映方式，如自动放映、手动放映等，用户可以根据需要设置所需的放映类型。本章将利用30个实例为大家介绍PPT的放映与输出，包括如何在幻灯片上划重点、如何自定义放映方式、如何实现循环放映、如何打包演示文稿、如何将幻灯片发送到Word文档等。

第1章
第2章
第3章
第4章
第5章
第6章
第7章
第8章
第9章
第10章
第11章
第12章

实例 191

快速在幻灯片上标记重点

问题介绍：语文老师赵老师在使用PPT制作考试要点时，想快速在幻灯片上标记重点内容，可是她不知道应该怎样操作。下面为大家介绍如何快速在幻灯片上标记重点的操作方法。

① 在PPT中打开"素材\第10章\实例191\语文考试重点.pptx"演示文稿，在播放演示文稿时，选中需要标记重点的幻灯片，右击并执行"指针选项"命令，在其子菜单中选择"荧光笔"选项，如图10-1所示。

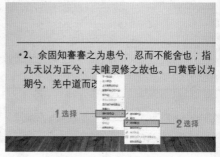

图 10-1 选择"荧光笔"选项

② 在幻灯片中标记重点进行突出显示，结束放映时将弹出信息提示对话框，单击"保留"按钮保存墨迹注释，如图10-2所示。

图 10-2 在幻灯片中标记重点

技巧拓展

在"指针选项"子菜单中选择"墨迹颜色"选项，可以更改墨迹颜色，如图10-3所示。

・2、余固知謇謇之为患兮，忍而不能舍也；指九天以为正兮，夫唯灵修之故也 昏以为期兮，羌中道而改路。

图 10-3 更改墨迹颜色

实例 192

取消和隐藏标记

问题介绍： 公司办公人员小佳想隐藏演示文稿中的标记，可是她不知道应该怎样操作。下面为大家介绍取消和隐藏标记的操作方法。

适用版本：07/10/13/16

① 在PPT中打开"素材\第10章\实例192\年度会议简报.pptx"演示文稿，在放映演示文稿时选择需要隐藏标记的幻灯片，右击并执行"屏幕"命令，在其子菜单中选择"显示/隐藏墨迹标记"选项，如图10-4所示。

② 设置完成后查看到成功隐藏标记的效果，如图10-5所示。

图 10-4　选择"显示 / 隐藏墨迹标记"选项

图 10-5　查看效果

技巧拓展

如果需要重新显示标记，再次选择"显示/隐藏墨迹标记"选项即可。

Extra Tip▶▷▷▷▷▷▷▷▷▷▷▷▷

实例 193

让鼠标指针在放映幻灯片时隐藏

问题介绍： 公司办公人员小李在放映幻灯片时感觉显示鼠标指针影响演示文稿的整体效果，想让鼠标指针在放映幻灯片时隐藏，可是不知道应该怎样操作。

适用版本：07/10/13/16

① 在PPT中打开"素材\第10章\实例193\新品上市策划.pptx"演示文稿。

② 在放映演示文稿时右击，执行"指针选项"命令，在其子菜单中选择"箭头选项"，选择"永远隐藏"选项，如图10-6所示。

第1章
第2章
第3章
第4章
第5章
第6章
第7章
第8章
第9章
第10章
第11章
第12章

图10-6 选择"永远隐藏"选项

技巧拓展

如果需要让鼠标指针可见，可以在"箭头选项"子菜单中选择"可见"选项，如图10-7所示。

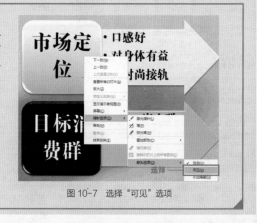

图10-7 选择"可见"选项

Extra Tip ▷ ▷ ▷ ▷ ▷ ▷ ▷ ▷ ▷ ▷ ▷ ▷ ▷

实例 194

难度系数 ★★★

适用版本：07/10/13/16

让幻灯片自动播放

问题介绍： 为了提高工作效率，公司办公人员小李想让幻灯片自动播放，可是她不知道应该怎样操作。下面为大家介绍如何让幻灯片自动播放。

① 在PPT中打开"素材\第10章\实例194\公司会议.pptx"演示文稿，选中第一张幻灯片，选择"切换"选项卡，在"计时"选项组中取消勾选"单击鼠标时"复选框，同时勾选"设置自动换片时间"复选框，并将时间设为00：05．00，如图10-8所示。

② 使用相同方法设置其他幻灯片自动换片时间，设置完成后即可自动播放幻灯片，如图10-9所示。

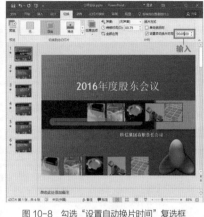

图 10-8 勾选"设置自动换片时间"复选框

图 10-9 设置其他幻灯片自动换片时间

技巧拓展

如果需要快速设置所有幻灯片的自动换片时间，可以先设置某一张幻灯片的自动换片时间，然后在"计时"选项组中单击"全部应用"按钮，如图10-10所示。

图 10-10 单击"全部应用"按钮

Extra Tip▶ ▷ ▷ ▷ ▷ ▷ ▷ ▷ ▷ ▷ ▷ ▷ ▷

实例 195

快速调用其他 PPT

问题介绍： 公司办公人员小敏想要快速调用其他演示文稿，可是她不知道应该怎样操作。下面为大家介绍快速调用其他PPT演示文稿的操作方法。

❶ 在PPT中打开"素材\第10章\实例195\致新员工.pptx"演示文稿，选择"插入"选项卡，在"幻灯片"选项组中单击"新建幻灯片"下拉按钮，在下拉列表中选择"重用幻灯片"选项，如图10-11所示。

❷ 在"重用幻灯片"导航窗格中单击"浏览"下拉按钮，在下拉列表中选择"浏览文件"选项，如图10-12所示。

第1章

第2章

第3章

第4章

第5章

第6章

第7章

第8章

第9章

第10章

第11章

第12章

图 10-11　选择"重用幻灯片"选项

图 10-12　选择"浏览文件"选项

❸ 在"浏览"对话框中选择需要调用的演示文稿,单击"打开"按钮,如图 10-13 所示。

❹ 在"重用幻灯片"导航窗格中选择所需的幻灯片,即可成功调用该幻灯片,如图 10-14 所示。

图 10-13　选择需要调用的 PPT

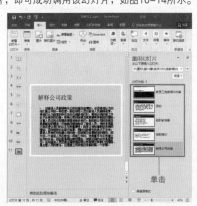

图 10-14　查看效果

技巧拓展

在执行调用幻灯片操作时,如果需要保留源格式,可以在"重用幻灯片"导航窗格中勾选"保留源格式"复选框,如图 10-15 所示。

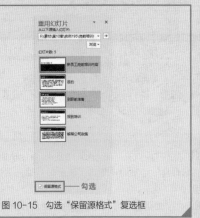

图 10-15　勾选"保留源格式"复选框

实例 196　快速定位幻灯片

问题介绍：公司办公人员小新在放映演示文稿时，想快速定位到所需幻灯片，可是他不知道应该怎样操作。下面为大家介绍如何快速定位幻灯片。

① 在PPT中打开"素材\第10章\实例196\股东大会.pptx"演示文稿，按下F5功能键播放演示文稿，如图10-16所示。

② 按下相应的数字键，再按Enter键（数字即快速定位的幻灯片序号，如需快速定位到第6张幻灯片，按下6+Enter组合键即可，结果如图10-17所示）。

图 10-16　播放演示文稿

图 10-17　快速定位幻灯片

技巧拓展

　　除了上述方法外，用户还可以按Ctrl+S组合键打开"所有幻灯片"对话框，选择需要定位的幻灯片，单击"定位至"按钮，快速跳转至指定幻灯片，如图10-18所示。

图 10-18　单击"定位至"按钮

Extra Tip＞＞＞＞＞＞＞＞＞＞＞＞

实例 197　设置幻灯片的放映类型

问题介绍：学校张老师在放映幻灯片时想设置放映类型，可是她不知道应该怎么设置。下面为大家介绍如何设置幻灯片的放映类型。

① 在PPT中打开"素材\第10章\实例197\诗经.pptx"演示文稿,选择"幻灯片放映"选项卡,在"设置"选项组中单击"设置幻灯片放映"按钮,如图10-19所示。

② 弹出"设置放映方式"对话框,在"放映类型"选项区域中选择"观众自行浏览(窗口)"单选按钮,单击"确定"按钮,如图10-20所示。

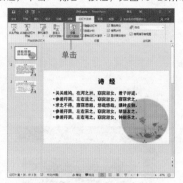

图 10-19 单击"设置幻灯片放映"按钮

图 10-20 设置放映类型

③ 设置完成后按F5功能键,即可以"观众自行浏览"方式放映幻灯片,如图10-21所示。

图 10-21 放映演示文稿

技巧拓展

PPT演示文稿的放映主要包括如下几种类型:

a.演讲者放映(全屏幕):该类型表示以全屏幕形式放映幻灯片。在放映过程中,可以通过右击调出快捷菜单或者利用Page Up、Page Down键放映不同的幻灯片。

b.观众自行浏览(窗口):该类型表示放映的幻灯片出现在窗口中。这种方式可以利用"浏览"菜单或者滚动条调出某张幻灯片,可以通过"文件"菜单的"打印"命令打印幻灯片,也可以利用"编辑"菜单对当前幻灯片进行编辑或复制操作。

c.在展台放映(全屏幕):该类型表示以全屏幕形式在展台上演示幻灯片。这种放映类型不允许用户在幻灯片放映过程中进行干预,因此除了保留鼠标指针用于选择屏幕对象之外,不能对幻灯片进行其他操作。

Extra Tip＞＞＞＞＞＞＞＞＞＞＞

实例 198

从第二张幻灯片开始放映

问题介绍： 公司办公人员小彩想要从第二张幻灯片开始放映，可是他不知道应该如何设置。下面为大家介绍如何设置从第二张幻灯片开始放映。

① 在PPT中打开"素材\第10章\实例198\人才招聘.pptx"演示文稿，选择"幻灯片放映"选项卡，在"设置"选项组中单击"设置幻灯片放映"按钮，如图10-22所示。

② 弹出"设置放映方式"对话框，在"放映幻灯片"选项区域中选择"从…到…"单选按钮，在"从"后面的数值框中输入2，表示从第2张幻灯片开始放映，如图10-23所示。

图 10-22 单击"设置幻灯片放映"按钮

图 10-23 设置放映参数

技巧拓展

除了上述方法外，用户还可以选中第2张幻灯片，选择"幻灯片放映"选项卡，在"开始放映幻灯片"选项组中单击"从当前幻灯片开始"按钮，从第2张幻灯片开始放映，如图10-24所示。

图 10-24 单击"从当前幻灯片开始"按钮

第1章
第2章
第3章
第4章
第5章
第6章
第7章
第8章
第9章
第10章
第11章
第12章

在放映时屏蔽幻灯片内容

实例 199

问题介绍: 学校王老师在进行幻灯片演示时, 若要暂时屏蔽当前幻灯片内容, 可以利用黑屏或白屏的方式显示, 下面介绍具体操作方法。

① 在PPT中打开"素材\第10章\实例199\家长会议.pptx"演示文稿, 放映幻灯片时右击, 从弹出的快捷菜单中选择"屏幕"命令, 如图10-25所示。

② 在展开的子列表中选择"黑屏"选项, 则整个界面将变成黑色显示; 若选择"白屏"选项, 则整个界面将变为白色显示, 如图10-26所示。

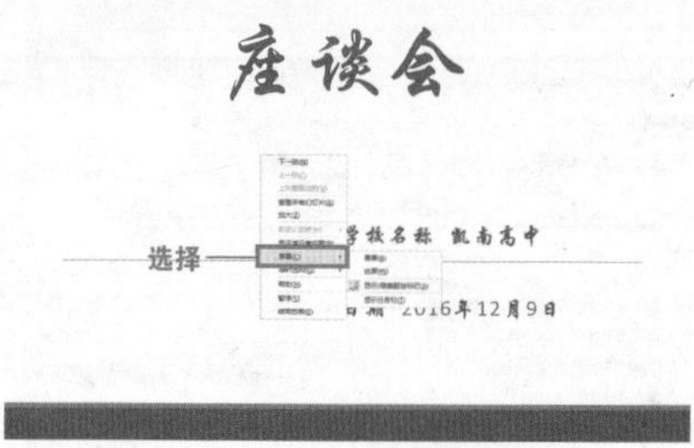

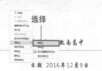

图 10-25 选择"屏幕"命令

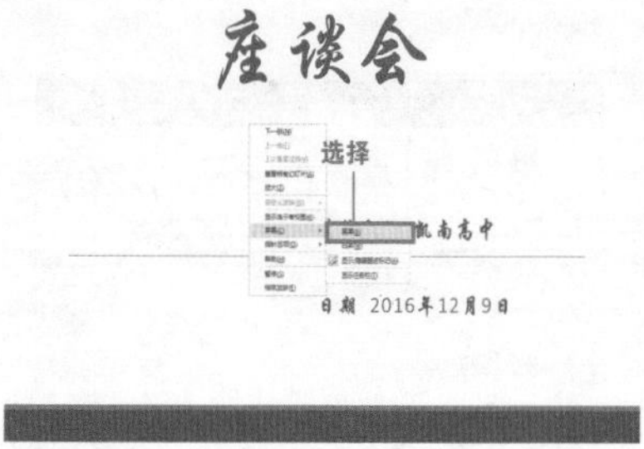

图 10-26 选择"黑屏"选项

③ 若用户需要取消黑屏操作, 则在幻灯片中右击, 选择"屏幕>屏幕还原"命令, 如图10-27所示。

图 10-27 返回幻灯片放映

技巧拓展

在放映幻灯片的过程中, 直接按下B键或句号键, 可以实现黑屏操作; 按下W键或逗号键, 可以实现白屏操作。重按快捷键, 可返回幻灯片放映。

Extra Tip >>>>>>>>>>>>

使用排练计时安排演示时间

实例 200

问题介绍: 幼儿园老师小丽想事先安排好幻灯片的演示时间, 以便及时完成PPT的讲解, 可是她不知道应该如何设置。

1 在PPT中打开"素材\第10章\实例200\幼儿园游戏策划.pptx"演示文稿，选择"幻灯片放映"选项卡，在"设置"选项组中单击"排练计时"按钮，如图10-28所示。

2 此时将切换至幻灯片放映状态，并出现"录制"工具栏，同时显示播放时间，如图10-29所示。

图 10-28　单击"排练计时"按钮

图 10-29　录制计时

3 在"录制"工具栏中单击"下一项"按钮，即可跳转至下一张幻灯片。幻灯片播放完成后，按Esc键退出播放，此时系统将弹出信息提示对话框，单击"是"按钮，如图10-30所示。

4 选择"视图"选项卡，在"演示文稿视图"选项组中单击"幻灯片浏览"按钮，此时将会切换至"幻灯片浏览"视图，并且显示每张幻灯片的排练时间，效果如图10-31所示。

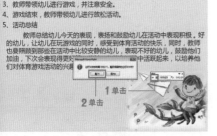

图 10-30　保存排练计时

图 10-31　切换至"幻灯片浏览"视图

技巧拓展

除了可以在"视图"选项卡中切换至"幻灯片浏览"视图外，用户还可以在演示文稿状态栏中单击"幻灯片浏览"按钮，快速切换至"幻灯片浏览"视图，如图10-32所示。

图 10-32　单击"幻灯片浏览"按钮

实例 201

难度系数：★★★　适用版本：07/10/13/16

放映幻灯片时添加文字

问题介绍： 在历史课上放映演示文稿时，历史老师要给学生留一个悬念，想在放映的幻灯片中添加所需文字。下面介绍在播放幻灯片时添加文字的操作方法，具体如下。

① 在PPT中打开"素材\第10章\实例201\传统礼仪.pptx"演示文稿，选择"开发工具"选项卡，在"控件"选项组中单击"文本框"按钮，如图10-33所示。

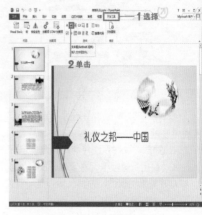

图 10-33　单击"文本框"按钮

② 在幻灯片中按住鼠标左键并拖曳，绘制文本框控件，如图10-34所示。

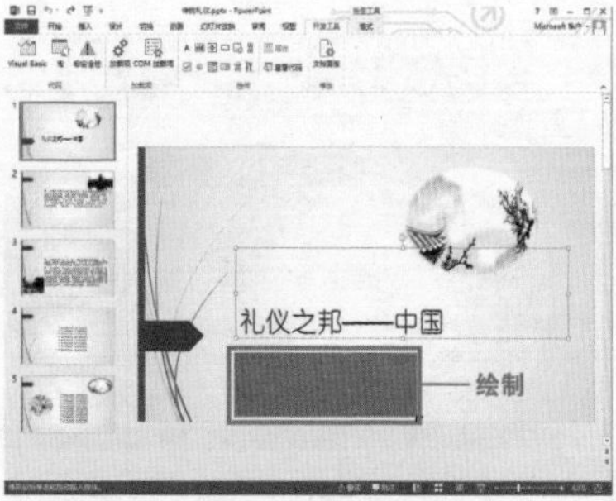

③ 按下F5键即可放映幻灯片，并在文本框中输入文字，如图10-35所示。

图 10-34　绘制文本框控件

图 10-35　输入文字

技巧拓展

在播放过程中添加文字后，用户可以使用属性功能对文本框中的文字进行重新修改。

a.选择文本框对象并右击，在弹出的快捷菜单中选择"属性表"命令，如图10-36所示。

b.在弹出的"属性"对话框中对字体的颜色、大小等属性进行设置，如图10-37所示。

图 10-36　选择"属性表"命令　　　　　图 10-37　设置文本属性

Extra Tip > > > > > > > > > > > > >

实例 202

放映演示文稿

问题介绍：公司办公人员小敏制作演示文稿后，想对演示文稿进行放映操作，可是她不知道应该怎样操作。下面为大家介绍如何放映演示文稿。

① 在PPT中打开"素材\第10章\实例202\有志者事竟成.pptx"演示文稿，选择"幻灯片放映"选项卡，在"开始放映幻灯片"选项组中单击"从头开始"按钮，如图10-38所示。

② 即可从第1张幻灯片开始放映演示文稿，如图10-39所示。

单击

图 10-38　单击"从头开始"按钮　　　　　图 10-39　查看效果

第1章
第2章
第3章
第4章
第5章
第6章
第7章
第8章
第9章
第10章
第11章
第12章

技巧拓展

a.如果需要从指定幻灯片开始放映，可以在"开始放映幻灯片"选项组中单击"从当前幻灯片开始"按钮，如图10-40所示。

b.按F5功能键，可快速从第1张幻灯片开始放映；按Shift+F5组合键，可快速从当前幻灯片开始放映。

Extra Tip》》》》》》》》》》》》

图 10-40　单击"从当前幻灯片开始"按钮

实例 203

自定义放映方式

问题介绍： 公司办公人员小蔡想自定义演示文稿的放映方式，可是不知道应该怎样设置，感到很苦恼。下面为大家介绍如何自定义演示文稿的放映方式。

① 在PPT中打开"素材\第10章\实例203\人才招聘.pptx"演示文稿，选择"幻灯片放映"选项卡，在"开始放映幻灯片"选项组中单击"自定义幻灯片放映"下拉按钮，在下拉列表中选择"自定义放映"选项，如图10-41所示。

② 弹出"自定义放映"对话框，单击"新建"按钮，弹出"定义自定义放映"对话框，在左侧下拉列表中选择需要的幻灯片，单击"添加"按钮，如图10-42所示。

图 10-41　选择"自定义放映"选项

图 10-42　定义自定义放映幻灯片

③ 设置完成后返回"自定义放映"对话框，选择"自定义放映1"选项，单击"放映"按钮，即可放映设置的幻灯片，如图10-43所示。

图 10-43　放映设置的幻灯片

技巧拓展

在"定义自定义放映"对话框中分别单击右侧的"向上""删除""向下"按钮，可以分别对"在自定义放映中的幻灯片"区域中所选幻灯片进行"上移""删除""下移"操作，如图10-44所示。

图 10-44　设置自定义放映的幻灯片

Extra Tip〉〉〉〉〉〉〉〉〉〉〉〉

自动放映演示文稿

问题介绍: 公司办公人员小海想设置自动放映演示文稿,可是他不知道应该怎样操作。下面为大家介绍设置演示文稿自动放映的操作方法。

① 在PPT中打开"素材\第10章\实例204\年度会议简报.pptx"演示文稿,选择"切换"选项卡,在"计时"选项组中勾选"设置自动换片时间"复选框,将自动换片时间设为00:10.00,单击"全部应用"按钮,如图10-45所示。

② 设置完成后按F5功能键,即可自动放映PPT演示文稿,如图10-46所示。

右侧章节标签：第1章 第2章 第3章 第4章 第5章 第6章 第7章 第8章 第9章 第10章 第11章 第12章

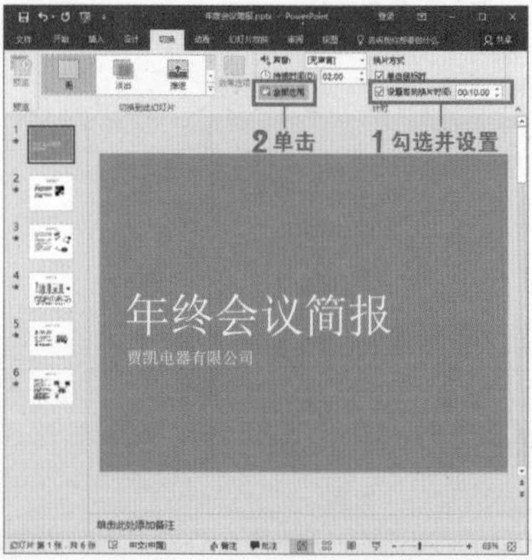
2单击
1勾选并设置
年终会议简报
贾凯电器有限公司

图 10-45　设置自动换片时间

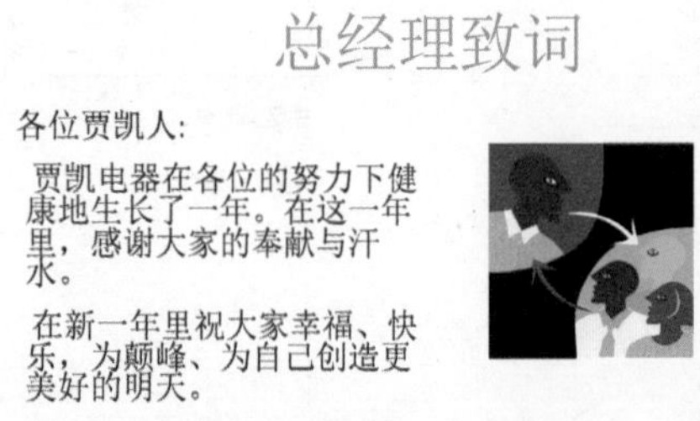

总经理致词
各位贾凯人:
贾凯电器在各位的努力下健康地生长了一年。在这一年里，感谢大家的奉献与汗水。
在新一年里祝大家幸福、快乐，为颠峰、为自己创造更美好的明天。

图 10-46　放映演示文稿

技巧拓展

在“切换”选项卡的“计时”选项组中单击“声音”下拉按钮，在下拉列表中可以选择满意的幻灯片切换声音，如图10-47所示。

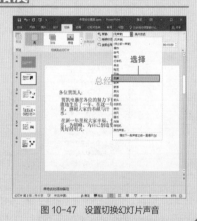

选择

图 10-47　设置切换幻灯片声音

Extra Tip>>>>>>>>>>>>>

实例 205　循环放映演示文稿

难度系数：★★★　适用版本：07/10/13/16

问题介绍：赵老师想将新创建的PPT设为循环放映方式，可是他不知道应该怎样操作。下面为大家介绍如何实现演示文稿的循环放映。

❶ 在PPT中打开“素材\第10章\实例205\年终销售报告会.pptx”演示文稿，选择“幻灯片放映”选项卡，在“设置”选项组中单击“设置幻灯片放映”按钮，如图10-48所示。

❷ 弹出“设置放映方式”对话框，在“放映选项”选项区域中勾选“循环放映，按Esc键终止”复选框，单击“确定”按钮，即可实现循环放映演示文稿，如图10-49所示。

图 10-48　单击"设置幻灯片放映"按钮

图 10-49　设置循环放映

技巧拓展

在放映演示文稿时如果需要使用绘图笔，则单击"绘图笔颜色"下拉按钮，在列表中选择满意的颜色，如图10-50所示。

图 10-50　设置绘图笔颜色

Extra Tip ＞＞＞＞＞＞＞＞＞＞＞＞

实例 206

打印预览演示文稿

问题介绍： 公司办公人员小王创建演示文稿后，想使用打印预览方式查看打印效果，可是他不知道应该怎样操作。下面为大家介绍如何使用打印预览方式查看演示文稿。

难度系数：★★★　适用版本：07/13/16

① 在PPT中打开"素材\第10章\实例206\销售报告会.pptx"演示文稿。

② 单击"文件"标签，选择"打印"选项，在"打印"选项面板中预览打印效果，如图10-51所示。

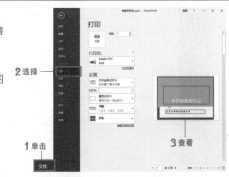

图 10-51　预览打印效果

第1章
第2章
第3章
第4章
第5章
第6章
第7章
第8章
第9章
第10章
第11章
第12章

245

第1章
第2章
第3章
第4章
第5章
第6章
第7章
第8章
第9章
第10章
第11章
第12章

技巧拓展

如果需要打印灰色的演示文稿，可以在"打印"选项面板中单击"颜色"下拉按钮，选择"灰度"选项，此时演示文稿将会变成灰色，如图10-52所示。

图 10-52　打印灰色演示文稿

Extra Tip >>>>>>>>>>>>

实例 207

打印高质量的演示文稿

问题介绍：公司办公人员小平想打印高质量的演示文稿，可是他不知道应该怎样操作。下面为大家介绍如何打印出高质量的演示文稿。

① 在PPT中打开"素材\第10章\实例207\绿色植物介绍.pptx"演示文稿，单击"文件"标签，选择"打印"选项，在"打印"选项面板中单击"整页幻灯片"下拉按钮，如图10-53所示。

② 在下拉列表中选择"高质量"选项，如图10-54所示。

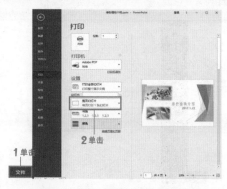

图 10-53　单击"整页幻灯片"下拉按钮

图 10-54　选择"高质量"选项

③ 设置完成后单击"打印"按钮打印演示文稿，如图10-55所示。

图 10-55　单击"打印"按钮

技巧拓展

如果需要为幻灯片添加边框，可以在"整页幻灯片"下拉列表中选择"幻灯片加框"选项，如图10-56所示。

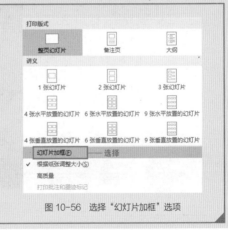

图 10-56　选择"幻灯片加框"选项

Extra Tip >>>>>>>>>>>>>>

实例 208

难度系数：★★★　适用版本：全版本

打印隐藏的幻灯片

问题介绍： 公司办公人员小吴在打印新制作的幻灯片后，发现没有将隐藏的幻灯片打印出来，她想将隐藏的幻灯片也打印出来，可是又不知道应该怎样设置。

① 在PPT中打开"素材\第10章\实例208\家长会议.pptx"演示文稿，单击"文件"标签，选择"打印"选项，在"打印"选项面板中单击"打印全部幻灯片"下拉按钮，如图10-57所示。

② 在下拉列表中选择"打印隐藏幻灯片"选项，然后单击"打印"按钮，即可打印隐藏的幻灯片，如图10-58所示。

图 10-57　单击"打印全部幻灯片"下拉按钮

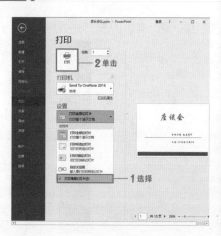

图 10-58　选择"打印隐藏幻灯片"选项

技巧拓展

在打印演示文稿时，除了可以打印全部幻灯片外，用户还可以选择"打印当前幻灯片"选项来打印当前幻灯片，如图10-59所示。

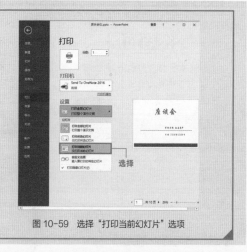

图 10-59　选择"打印当前幻灯片"选项

Extra Tip ＞ ＞ ＞ ＞ ＞ ＞ ＞ ＞ ＞ ＞ ＞

实例 209

打印备注页和大纲

问题介绍：公司办公人员小强需要将演示文稿中的大纲和备注信息打印出来，可是他不知道应该怎样操作。下面为大家介绍打印演示文稿备注页和大纲的操作方法。

① 在PPT中打开"素材\第10章\实例209\座谈会.pptx"演示文稿，单击"文件"标签，选择"打印"选项，在"打印"选项面板中单击"整页幻灯片"下拉按钮，如图10-60所示。

② 在下拉列表的"打印版式"选项区域选择"备注页"选项，设置完成后单击"打印"按钮，即可打印演示文稿的备注页内容，如图10-61所示。

图 10-60 单击"整页幻灯片"下拉按钮

图 10-61 打印备注页内容

❸ 如果需要打印大纲，只需在下拉列表的"打印版式"选项区域中选择"大纲"选项，设置完成后单击"打印"按钮，打印演示文稿的大纲内容，如图10-62所示。

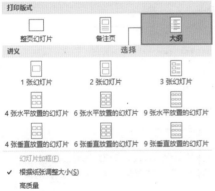

图 10-62 打印大纲内容

技巧拓展

如果需要打印多份演示文稿，可以在"打印"选项面板中修改打印份数，如图10-63所示。

图 10-63 修改打印份数

实例 210

将演示文稿输出为图片文件

问题介绍： 公司办公人员小李创建演示文稿后，为了方便随时查看，她想要将演示文稿输出为图片文件，可是又不知道应该怎样操作。

❶ 在PPT中打开"素材\第10章\实例210\语文考试要点.pptx"演示文稿，单击"文件"标签，选择"另存为"选项，在"另存为"选项面板中双击"这台电脑"选项，如图10-64所示。

❷ 在"另存为"对话框中选择文件的保存位置，并将保存类型设为"JPEG文件交换格式（.jpg）"，单击"保存"按钮，如图10-65所示。

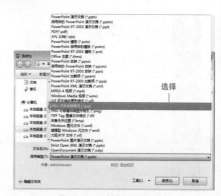

图 10-64　双击"这台电脑"选项　　　　图 10-65　选择文件保存类型

③ 在弹出的信息提示对话框中单击"所有幻灯片"按钮，将继续弹出信息提示对话框，单击"确定"按钮，如图10-66所示。

图 10-66　导出所有幻灯片

④ 设置完成后即可在保存的文件夹中查看效果，如图10-67所示。

图 10-67　查看效果

技巧拓展

　　除了可以将演示文稿保存为图片格式文件外，用户还可以将演示文稿保存为PDF格式文件，即在"另存为"对话框中将文件保存类型设为"PDF(*.pdf)"，如图10-68所示。

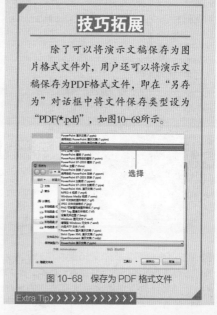

图 10-68　保存为 PDF 格式文件

Extra Tip ＞＞＞＞＞＞＞＞＞＞＞

実例
211

特殊字体也可以"打包"带走

问题介绍: 公司行政办公人员小敏为领导做了股东大会演示
文稿后, 发现自己使用了一些特殊字体, 而领导电脑上没有这
些字体, 没办法正常显示。

① 在PPT中打开"素材\第10章\实例211\股东大会.pptx"演示文稿, 单击"文件"标签, 选择
"选项"选项, 如图10-69所示。

② 在"PowerPoint选项"对话框右侧选择"保存"选项, 在"共享此演示文稿时保持保真度"
选项区域中勾选"将字体嵌入文件"复选框, 选择"嵌入所有字符(适于其他人编辑)"单选按
钮, 单击"确定"按钮, 如图10-70所示。

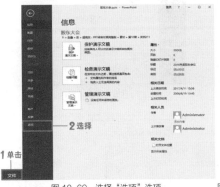

图 10-69　选择"选项"选项

图 10-70　选择"嵌入所有字符(适于其他人编辑)"单选按钮

技巧拓展

除了上述方法外, 用户还可以在"另存为"对话框中单击"工具"下拉按钮, 在下拉
列表中选择"保存选项"选项, 也可弹出"PowerPoint选项"对话框, 如图10-71所示。

图 10-71　选择"保存选项"选项

Extra Tip ﹥﹥﹥﹥﹥﹥﹥﹥﹥﹥﹥﹥

实例 212

难度系数：★ ★ ★

打包演示文稿到文件夹

问题介绍： 公司办公人员小明想打包演示文稿到文件夹，可是他不知道怎样操作。下面为大家介绍打包演示文稿到文件夹的具体操作方法。

① 在PPT中打开"素材\第10章\实例212\观花植物品种大全.pptx"演示文稿，单击"文件"标签，选择"导出"选项，在"导出"选项面板中选择"将演示文稿打包成CD"选项，单击"打包成CD"按钮，如图10-72所示。

图 10-72　单击"打包成 CD"按钮

② 弹出"打包成CD"对话框，单击"复制到文件夹"按钮，在"复制到文件夹"对话框中修改文件夹名称，并设置文件保存位置，单击"确定"按钮，如图10-73所示。

图 10-73　单击"复制到文件夹"按钮

③ 在弹出的信息提示对话框中单击"是"按钮，然后在设置的文件夹中查看打包的演示文稿效果，如图10-74所示。

图 10-74　查看打包演示文稿效果

技巧拓展

　　如果打包完成后不想自动打开文件夹,可以在"复制到文件夹"对话框中取消勾选"完成后打开文件夹"复选框,如图10-75所示。

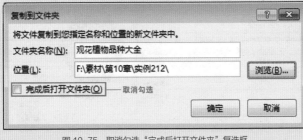

图 10-75　取消勾选"完成后打开文件夹"复选框

Extra Tip >> >> >> >> >> >>

实例 213

设置标记笔的颜色

问题介绍: 默认情况下,绘图笔是红色的,小红想根据自己的喜好重新设置绘图笔的颜色,该怎么进行操作呢?下面为大家介绍设置标记笔颜色的操作方法,具体如下。

❶ 在PPT中打开"素材\第10章\实例213\销售报告会.pptx"演示文稿,切换至"幻灯片放映"选项卡,单击"设置"选项组中的"设置幻灯片放映"按钮,如图10-76所示。

❷ 弹出"设置放映方式"对话框,单击"绘图笔颜色"下拉按钮,在展开的下拉列表中选择橙色选项,单击"确定"按钮,即可更改标记笔的颜色,如图10-77所示。

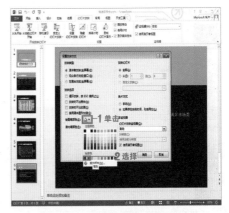

图 10-76　单击"设置幻灯片放映"按钮　　　　　图 10-77　选择所需的标记笔颜色选项

技巧拓展

在更改标记笔颜色时，如果"绘图笔颜色"下拉列表中的颜色不能满足用户需求，则可以选择"其他颜色"选项，在打开的"颜色"对话框中重新选择所需的颜色，如图10-78所示。

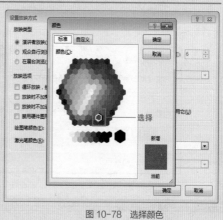

图 10-78　选择颜色

实例 214　将演示文稿保存为模板

问题介绍：公司办公人员夏莉想将演示文稿保存为模板，可是她不知道应该怎样操作。下面为大家介绍如何将演示文稿保存为模板。

① 在PPT中打开"素材\第10章\实例214\礼仪之邦—中国.pptx"演示文稿，单击"文件"标签，选择"导出"选项卡，在"导出"选项面板中选择"更改文件类型"选项，在右侧列表中双击"模板"选项，如图10-79所示。

② 弹出"另存为"对话框，将文件保存类型设为模板即可，如图10-80所示。

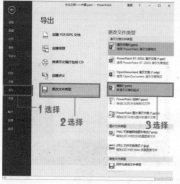

图 10-79　选择"更改文件类型"选项

图 10-80　设置文件保存类型

技巧拓展

除了上述方法外，用户还可以直接选择"另存为"选项，在"保存类型"列表中选择"PowerPoint模板"选项，单击"保存"按钮，如图10-81所示。

图 10-81　选择"PowerPoint 模板"选项

Extra Tip>>>>>>>>>>>

实例 215

将幻灯片发送到 Word 文档

问题介绍: 公司办公人员小汪想将幻灯片发送到Word文档中，可是她不知道应该怎样操作。下面为大家介绍将幻灯片发送到Word文档的操作方法。

① 在PPT中打开"素材\第10章\实例215\国庆节策划方案.pptx"演示文稿，按住Shift键选中所有幻灯片，右击并执行"复制"命令，如图10-82所示。

② 新建Word文档后，选择"开始"选项卡，在"剪贴板"选项组中单击"粘贴"下拉按钮，在列表中选择"选择性粘贴"选项，弹出"选择性粘贴"对话框，在"形式"下拉列表框中选择"Microsoft PowerPoint演示文稿对象"选项，如图10-83所示。

图 10-82　执行"复制"命令

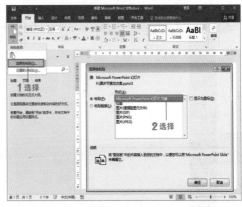

图 10-83　选择"选择性粘贴"选项

③ 即可成功在Word文档中插入PPT演示文稿，双击演示文稿执行放映操作，如图10-84所示。

图 10-84 查看效果

技巧拓展

如果需要将演示文稿保存为图片文件，可以在"选择性粘贴"对话框的"形式"下拉列表框中选择"图片（JPEG）"选项，然后单击"确定"按钮，如图10-85所示。

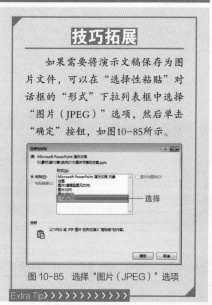

图 10-85 选择"图片（JPEG）"选项

Extra Tip》》》》》》》》》》》》

实例 216

将演示文稿作为附件发送

问题介绍: 公司办公人员小李在发送电子邮件时，想将演示文稿作为附件发送给客户，可是她不知道应该怎样操作。下面为大家介绍将演示文稿作为电子邮件附件发送的操作方法。

① 在PPT中打开"素材\第10章\实例216\年度会议简报.pptx"演示文稿，单击"文件"标签，选择"共享"选项，在"共享"选项面板中选择"电子邮件"选项，在右侧列表中单击"作为附件发送"按钮，如图10-86所示。

② 设置完成后即可根据信息提示设置电子邮箱账户，如图10-87所示。

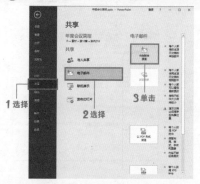

图 10-86 单击"作为附件发送"按钮

图 10-87 设置电子邮箱账户

第1章

第2章

第3章

第4章

第5章

第6章

第7章

第8章

第9章

第10章

第11章

第12章

技巧拓展

除了可以将演示文稿作为附件发送外，用户还可以以XPS形式发送，具体操作步骤如下。

在"共享"选项面板中选择"电子邮件"选项，在右侧列表中单击"以XPS形式发送"按钮，如图10-88所示。

Extra Tip ＞ ＞ ＞ ＞ ＞ ＞ ＞ ＞ ＞ ＞ ＞ ＞

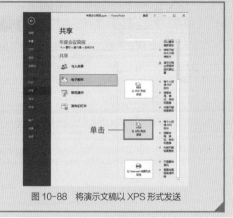

图 10-88　将演示文稿以 XPS 形式发送

实例 217　将演示文稿保存为 Web 格式

难度系数：★★★　适用版本：07/10/13/15

问题介绍： 为了方便查看幻灯片，公司办公人员小李想将演示文稿保存到Web，可是他不知道应该怎样操作。下面为大家介绍如何将演示文稿保存为Web格式。

❶ 在PPT中打开"素材\第10章\实例217\人才招聘.pptx"演示文稿，单击"文件"标签，选择"另存为"选项，在"另存为"选项面板中双击"这台电脑"选项，如图10-89所示。

❷ 弹出"另存为"对话框，设置文件保存位置，将"保存类型"设为"PowerPoint XML演示文稿（*.xml）"，如图10-90所示。

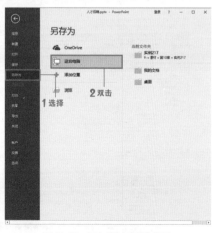

图 10-89　双击"这台电脑"选项

图 10-90　设置文件保存类型

技巧拓展

　　在演示文稿中，用户可以先选中第1张幻灯片，然后按住Shift键同时选中最后一张幻灯片，即可同时选中所有幻灯片，如图10-91所示。

图 10-91　选中所有幻灯片

实例 218

将演示文稿输出为大纲文件

问题介绍： 公司办公人员小陈想将编辑好的演示文稿输出为大纲文件，可是他不知道应该怎样操作。下面为大家介绍如何将演示文稿输出为大纲文件。

① 打开"素材\第10章\实例218\员工入岗培训.pptx"演示文稿，单击"文件"标签，选择"另存为"选项，在"另存为"选项面板中双击"这台电脑"选项，如图10-92所示。

② 弹出"另存为"对话框，设置文件保存位置，并将"保存类型"设为"大纲/RTF文件（*.rtf）"，如图10-93所示。

图 10-92　双击"这台电脑"选项

图 10-93　设置文件保存类型

③ 设置完成后即可查看效果，如图10-94所示。

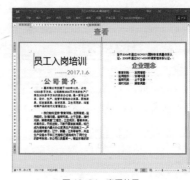

图 10-94 查看效果

实例 219

将演示文稿创建为讲义

问题介绍： 学校李老师需将演示文稿创建为讲义插入Word文档中，可是他不知道应该怎样操作。下面为大家介绍将演示文稿创建为讲义的操作方法。

① 在PPT中打开"素材\第10章\实例219\李白诗歌鉴赏.pptx"演示文稿，单击"文件"标签，选择"导出"选项，在"导出"选项面板中选择"创建讲义"选项，单击"创建讲义"按钮，如图10-95所示。

② 弹出"发送到Microsoft Word"对话框，选择"粘贴链接"单选按钮，单击"确定"按钮，如图10-96所示。

③ 设置完成后查看效果，如图10-97所示。

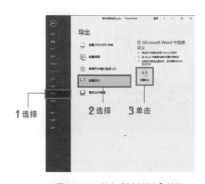

图 10-95 单击"创建讲义"按钮

图 10-96 选择"粘贴链接"单选按钮

图 10-97 查看效果

技巧拓展

在"发送到Microsoft Word"对话框中用户可以根据需要选择满意的版式,如图10-98所示。

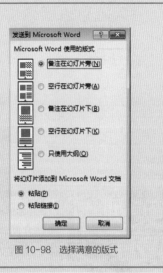

图 10-98　选择满意的版式

Extra Tip ＞＞＞＞＞＞＞＞＞＞＞＞＞

实例 220

放映打包演示文稿

问题介绍: 公司办公人员小胡想放映打包好的演示文稿,可是她不知道应该怎样操作。下面为大家介绍放映打包演示文稿的操作方法。

① 打开"素材\第10章\实例220\观花植物品种大全"文件夹,选择"观花植物品种大全.pptx"演示文稿,如图10-99所示。

② 按F5功能键即可执行放映操作,如图10-100所示。

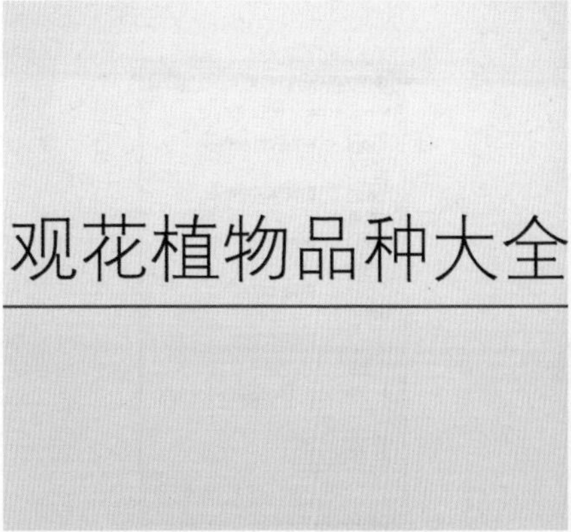

图 10-99　选择演示文稿

观花植物品种大全

图 10-100　放映演示文稿

第 10 章 PPT 的放映与输出

第1章
第2章
第3章
第4章
第5章
第6章
第7章
第8章
第9章
第10章
第11章
第12章

技巧拓展

如果需要发布演示文稿，可以在"共享"选项面板中选择"发布幻灯片"选项，单击"发布幻灯片"按钮，弹出"发布幻灯片"对话框，单击"全选"按钮进行选择，单击"浏览"按钮，设置幻灯片发布位置，单击"发布"按钮，即可执行发布操作，如图10-101所示。

Extra Tip▶▶▶▶▶▶▶▶▶▶▶▶

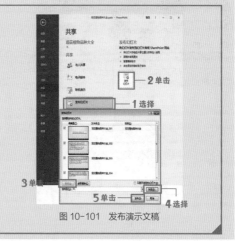

图 10-101　发布演示文稿

职场小知识

苟希纳定律

简介： 员工组合的工作效率和工作负荷程度成反比，因此要确定最佳管理人数。

苟希纳定律是由西方著名管理学者苟希纳提出的，他认为员工组合的工作效率和工作负荷程度成反比，实际管理人员比最佳人数多时，工作时间不但不会减少，反而会随之增加，而工作成本就要成倍增加。如果实际管理人员比最佳人数多两倍，工作时间就要多两倍，工作成本就要多4倍。在管理上，并不是人多就好，有时管理人员越多，工作效率反而越差。只有找到一个最合适的人数，管理才能收到最好的效果。

苟希纳定律虽是针对管理层人员而言的，但它同样适用于对公司一般人员的管理。在一个公司中，只有每个部门都真正达到了人员的最佳数量，才能最大限度地减少无用的工作时间，降低工作成本，从而达到企业利益的最大化。

作为全球最大零售企业之一的沃尔玛公司掌舵者，山姆·沃尔顿有句名言："没有人希望裁掉自己的员工，但作为企业高层管理者，却需要经常考虑这个问题。否则，就会影响企业的发展前景。"为避免这些情况在自己的企业内发生，沃尔顿想方设法要用最少的人做最多的事，极力减少成本，追求效益最大化。

沃尔顿认为，精简的机构和人员是企业良好运作的根本。与大多数企业不同，沃尔玛在遇到麻烦时，不是单纯采取增加机构和人员的办法来解决问题。而是追本溯源，解聘失职人员和精简相关机构。

第11章

Chapter 11

PPT 中的
常用动画制作

在PPT中除了制作基本的文字幻灯片外，还可以进行简单的动画制作。本章将通过30个实例的讲解，为大家介绍PPT动画制作的相关知识，包括如何应用时间轴、如何应用动画刷、如何制作背景循环动画、如何制作线性时间轴动画以及如何制作地球旋转动画等。

实例 221

时间轴的应用

问题介绍: 公司办公人员小李想了解演示文稿中时间轴的应用。下面为大家介绍演示文稿中时间轴的相关知识。

① 在Powerpoint中时间轴可以使所有动作的顺序、方式等通过轴线的形式展示出来,使动作连贯流畅,并使幻灯片更具特色。在PPT中打开"素材\第11章\实例221\年度会议简报.pptx"演示文稿,选择"动画"选项卡,在"高级动画"选项组中单击"动画窗格"按钮,此时将会在"动画窗格"导航窗格中显示出时间轴,如图11-1所示。

② 单击某一具体时间轴,在"计时"选项组中显示动画开始时间、持续时间和延迟时间,如图11-2所示。

图 11-1　查看时间轴

图 11-2　查看动画时间

③ 在"动画窗格"导航窗格中将鼠标指针置于绿色时间轴并向前或向后拖曳,动画将会提前或延迟;拖曳绿色时间轴的起点或终点,将会延长或缩短动画时间,如图11-3所示。

图 11-3　调整时间轴

技巧拓展

在"动画窗格"导航窗格底部单击"秒"下拉按钮,在下拉列表中选择合适的选项,即可实现动画窗格刻度的变化,如图11-4所示。

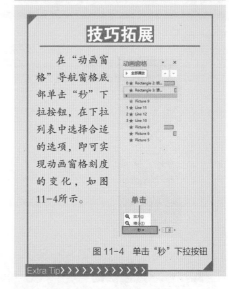

图 11-4　单击"秒"下拉按钮

Extra Tip ＞＞＞＞＞＞＞＞＞＞＞＞

实例 222 选择窗格功能的应用

难度系数：★★★ 适用版本：07/10/13/16

问题介绍： 公司办公人员王胡知道PPT中有"选择窗格"按钮，他想通过具体的案例来了解这一功能的作用。下面为大家介绍选择窗格功能的用法。

① 使用选择窗格可以快速方便地选择对象，对某些被覆盖的对象尤其有效，还可以隐藏某些不需要的对象。在PPT中打开"素材\第11章\实例222\员工入岗培训.pptx"演示文稿，选中任意对象，选择"绘图工具—格式"选项卡，在"排序"选项组中单击"选择窗格"按钮，弹出"选择"导航窗格，如图11-5所示。

② 在"选择"导航窗格中可以快速选择所需对象。如果需要隐藏所有对象，则单击"全部隐藏"按钮；如果需要隐藏指定对象，可单击对象右侧的眼睛图标，如图11-6所示。

图 11-5 单击"选择窗格"按钮

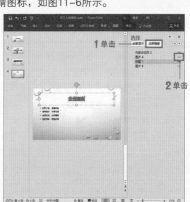

图 11-6 隐藏对象

技巧拓展

在"选择"导航窗格中双击对象名称，即可更改对象名称，然后按Enter键确认操作，如图11-7所示。

图 11-7 更改对象名称

第 1 章
第 2 章
第 3 章
第 4 章
第 5 章
第 6 章
第 7 章
第 8 章
第 9 章
第 10 章
第 11 章
第 12 章

实例 223

组合动画的应用

问题介绍: 公司办公人员小红在制作演示文稿时,领导要求使用组合动画,可是她不知道组合动画的含义和用法,因此感到很苦恼。

① 使用组合动画可以突出显示对象,使动画更流畅自然,更富有特色。在PPT中打开"素材\第11章\实例223\情人节促销活动.pptx"演示文稿,选择"动画"选项卡,在"高级动画"选项组中单击"动画窗格"按钮,弹出"动画窗格"导航窗格,如图11-8所示。

② 在"动画窗格"导航窗格中可以看到"图片5"使用了进入动画,用户根据需要对其添加强调动画,如图11-9所示。

图 11-8　单击"动画窗格"按钮　　　　图 11-9　查看组合动画

技巧拓展

用户还可以在"添加动画"下拉列表中为"图片5"添加退出效果(如选择"旋转"选项),如图11-10所示。

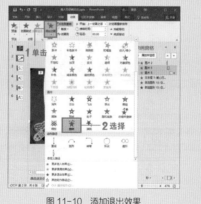

图 11-10　添加退出效果

实例 224

为文字添加画笔颜色动画效果

问题介绍: 小红在进行演示文稿编辑的过程中,为了让幻灯片的效果更丰富,想为文字添加画笔颜色动画效果,可是不知道该怎么操作。下面为大家详细介绍为文本添加画笔颜色效果动画的操作方法,具体如下。

① 打开演示文稿，选中要添加动画效果的文本对象，切换至"动画"选项卡，如图11-11所示。

图 11-11　选择"动画"选项卡

② 在"动画"选项组中单击"其他"按钮，如图11-12所示。

图 11-12　单击"其他"下三角按钮

③ 在展开的下拉列表中选择"画笔颜色"动画效果选项，如图11-13所示。

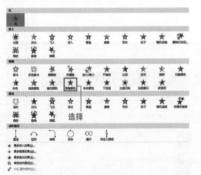

图 11-13　选择"画笔颜色"选项

④ 即可为所选文字添加画笔颜色动画效果，并自动播放动画，如图11-14所示。

图 11-14　查看效果

技巧拓展

为文本对象添加"画笔颜色"动画效果后，用户如果对默认显示的颜色不满意，可以单击"效果选项"下拉按钮，在下拉列表中重新选择所需的颜色，如图11-15所示。

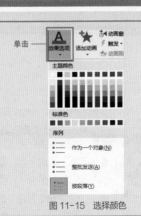

图 11-15　选择颜色

实例 225

动画刷的应用

问题介绍: 公司办公人员小嘉为幻灯片中的对象添加动画后,想快速将设置的动画效果应用于多个对象,该怎么操作呢? 下面为大家使用动画刷快速复制动画效果的操作方法。

① PPT中动画刷的作用和Word中"格式刷"一样,都可以将一个对象的格式复制到其他对象上。在PPT中打开"素材\第11章\实例225\美食推荐.pptx"演示文稿,选中图片,在"动画"选项卡下选择"飞入"动画效果选项,在"高级动画"选项组中单击"动画刷"按钮,如图11-16所示。

② 当鼠标指针变为刷子形状时单击左侧文本框,即可快速复制动画效果至文本框,如图11-17所示。

图 11-16 单击"动画刷"按钮

图 11-17 查看效果

技巧拓展

选择对象后,按Shift+Alt+C组合键也可执行"动画刷"命令。同"格式刷"用法相同,双击"动画刷"按钮后,可多次应用动画刷,再次单击"动画刷"按钮可取消动画刷模式。

Extra Tip ＞＞＞＞＞＞＞＞＞＞＞＞＞

实例 226

多种 PPT 动画效果的应用

问题介绍: 如今,演示文稿已进入动画时代,一个制作精美的PPT动画,会赋予演示文稿更专业的形象。在实际工作中,用户可以在网上搜集各种动画效果进行学习,下面介绍多种动画效果的应用。

第1章

第2章

第3章

第4章

第5章

第6章

第7章

第8章

第9章

第10章

第11章

第12章

① 首先为大家简单介绍几种动画效果，在PPT中打开"素材\第11章\实例226\牡丹花.pptx"演示文稿，在"动画窗格"导航窗格中查看使用的进入动画效果，然后添加强调动画效果，最后添加退出动画效果，得到一朵牡丹花自然绽放，然后慢慢消失的动画效果，如图11–18所示。

② 接着为大家展示文字动画效果，在PPT中打开"素材\第11章\实例226\逐个显示的变色文字.pptx"演示文稿，在"动画窗格"导航窗格中查看为文本框添加强调和退出动画，并将所有文本框进行叠加操作的效果，如图11–19所示。

图 11-18　查看图片动画效果

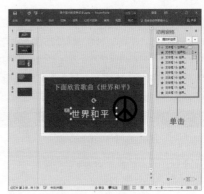

图 11-19　查看文字动画效果

实例 227　多媒体的应用

问题介绍： 一个内容丰富的演示文稿一定会包含多媒体文件，如视频、音频等。在PPT中使用音频文件可以渲染气氛，吸引观众的注意力并引导他们进行思考。

难度系数：★★★　　适用版本：07/10/13/16

① 在PPT中打开"素材\第11章\实例227\旅游指南.pptx"演示文稿，选择"插入"选项卡，在"媒体"选项组中执行插入音频文件的操作，如图11–20所示。

② 插入音频文件后，用户还可以在"音频工具—播放"选项卡中执行"剪裁音频""播放音频"等操作，如图11–21所示。

图 11-20　插入多媒体文件

图 11-21　编辑音频文件

❸ 单击"动画窗格"按钮，在"动画窗格"导航窗格中选择"效果选项"选项，在"飞入"对话框的"增强"选项区域中可以为动画效果添加声音（如照相机），然后单击"确定"按钮，如图11-22所示。

图 11-22　为动画效果添加声音

技巧拓展

选择"幻灯片放映"选项卡，在"设置"选项组中单击"录制幻灯片演示"下拉按钮，选择"从头开始录制"选项，可以执行录制旁白等操作，如图11-23所示。

图 11-23　选择"从头开始录制"选项

实例 228

主题展示动画的创建

问题介绍： 使用主题展现动画，可以让观众很直观地了解PPT的主题，多用于课题报告、工作汇报、项目汇报等PPT展示。

❶ 在PPT中打开"素材\第11章\实例228\绿色植物介绍.pptx"演示文稿，选中图片后切换到"动画"选项卡，在"动画"选项组中将进入效果设为"飞入"，在"高级动画"选项组中单击"添加动画"下拉按钮，在"强调"区域中选择"放大/缩小"选项，如图11-24所示。

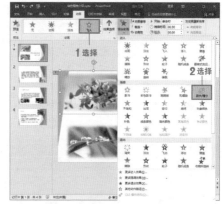

图 11-24　选择"放大 / 缩小"选项

第1章
第2章
第3章
第4章
第5章
第6章
第7章
第8章
第9章
第10章
第11章
第12章

② 继续选中图片，选择"动画"选项卡，在"动画"选项组中将进入效果设为"弹跳"，在"高级动画"选项组中单击"添加动画"下拉按钮，在"强调"区域中选择"陀螺旋"选项，并在"计时"选项组中将"开始"设为"上一动画之后"，如图11-25所示。

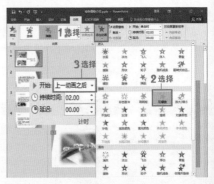

图 11-25　选择"陀螺旋"选项

③ 使用同样的方法设置文本框占位符的进入效果和强调效果，并在"计时"选项组中将"开始"设为"上一动画之后"，设置完成后单击"预览"按钮查看效果。此时随着图片的进入和突出强调显示，加上幻灯片的主题颜色，很容易让人联想到此篇演示文稿主题是关于绿色植物，随着文字的出现，观众的猜想就会得到验证，使观众有更大的兴趣来查看下文，效果如图11-26所示。

图 11-26　查看效果

技巧拓展

如果用户想改变动画出现的顺序，可以在"动画窗格"导航窗格中单击 ▲ 或 ▼ 按钮，进行"上移"或"下移"操作，如图11-27所示。

图 11-27　改变动画出现的顺序

实例
229

场景烘托动画的创建

问题介绍: 对于某些枯燥乏味的项目报告,如果直接进入主题会让观众感觉突兀,此时我们可以采用一些动画效果来烘托场景营造气氛。

① 在PPT中打开"素材\第11章\实例229\岗前培训内容.pptx"演示文稿,在PPT中插入图片,并将图片覆盖第一张幻灯片,选择"动画"选项卡,在"动画"下拉列表的"退出"选项区域中选择"下沉"选项,并在"计时"选项组中将"持续时间"设为"03.00",如图11-28所示。此时展现在观众眼前的是一张卡通动漫图,然后使用退出动画效果,再开始讲述PPT演示文稿内容,会让观众更容易接受。

② 选中第3张幻灯片,为图片添加"跷跷板"动画效果,单击"动画窗格"按钮,在"动画窗格"导航窗格中选择"效果选项"选项,如图11-29所示。

图 11-28　设置动画效果

图 11-29　选择"效果选项"选项

③ 弹出"跷跷板"对话框,选择"计时"选项卡,选择重复值为10,单击"确定"按钮,如图11-30所示。

④ 此时幻灯片中的图片将实现动画效果,更能吸引观众注意力,如图11-31所示。

图 11-30　设置重复次数

图 11-31　查看效果

271

技巧拓展

如果希望动画播放后将对象隐藏起来，可以在"跷跷板"对话框中选择"效果"选项卡，在"增强"选项区域中单击"动画播放后"下拉按钮，选择"播放动画后隐藏"选项，如图11-32所示。

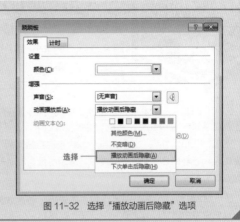

图 11-32　选择"播放动画后隐藏"选项

实例 230

背景循环动画的创建

问题介绍： 使用背景循环动画作为开场动画，会给人一种不一样的精彩，下面为大家简单介绍背景循环动画的创建方法。

① 在PPT中打开"素材\第11章\实例230\艺术鉴赏.pptx"演示文稿，选择"插入"选项卡，在"插图"选项组中单击"形状"下拉按钮，选择"六边形"和"椭圆"形状，并绘制形状。然后在"绘图工具—格式"选项卡中设置"形状轮廓""形状样式"和"形状效果"，如图11-33所示。

② 依次为幻灯片中的图形设置"淡入"动画效果，并将持续时间设为2-6秒不等，在"动画窗格"导航窗格中任意拉动时间轴来调整动画开始时间，如图11-34所示。

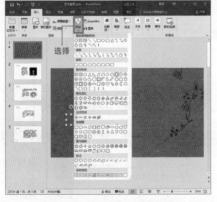

图 11-33　单击"形状"下拉按钮

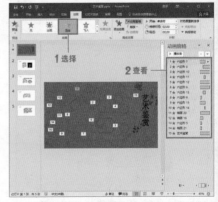

图 11-34　设置动画效果

❸ 设置完成后单击"预览"按钮查看效果，此时将实现背景循环功能，如图11-35所示。

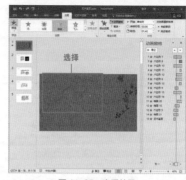

图 11-35 查看效果

技巧拓展

如果需要设置幻灯片背景格式，可以选择"设计"选项卡，在"自定义"选项组中单击"设置背景格式"按钮，弹出"设置背景格式"导航窗格，在"填充"选项区域中选择满意的填充样式，如图11-36所示。

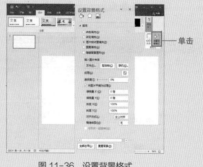

图 11-36 设置背景格式

实例 231

颜色凸显动画的创建

问题介绍： 在制作演示文稿时，为了重点突出某些内容，用户可以将该部分内容设为醒目的颜色。下面为大家简单介绍创建颜色凸显动画的操作方法。

❶ 在PPT中打开"素材\第11章\实例231\年度会议简报.pptx"演示文稿，在幻灯片中绘制圆角矩形，并在"绘图工具—格式"选项卡中单击"形状效果"下拉按钮，选择"棱台"选项，在其子列表中选择"棱纹"选项，按Ctrl+D组合键复制形状，并将部分形状颜色更改为"黄色"，如图11-37所示。

❷ 依次添加动画效果，首先为所有蓝色形状设置"淡出"动作，将"开始"设为"与上一动画同时"，时间设为00.50，然后为第1个蓝色圆角矩形设置"淡出"效果，将"开始"设为"上一动画之后"，时间设为00.50，接着为第1个黄色圆角矩形设置"淡出"效果，将"开始"设为"上一动画之后"，时间设为02.00，然后为第1个蓝色圆角矩形设置"淡入"效果，将"开始"设为"上一动画之后"，时间设为00.50，同样的方法为其他圆角矩形设置动画效果，最后将黄色圆角矩形置于相应的蓝色圆角矩形下，效果如图11-38所示。

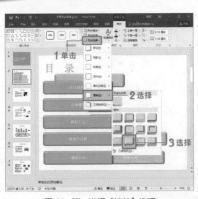

图 11-37 选择"棱纹"选项

图 11-38 添加动画效果

❸ 设置完成后单击"预览"按钮查看效果，此时可以看到黄色圆角矩形凸显重点，如图 11-39所示。

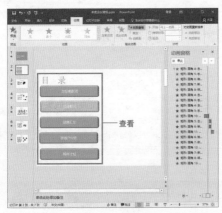

图 11-39 查看效果

技巧拓展

选择"绘图工具—格式"选项卡，在"排列"选项组中单击"下移一层"下拉按钮，在下拉列表中选择"置于底层"选项，此时形状将会置于底层，如图11-40所示。

图 11-40 选择"置于底层"选项

Extra Tip ▶ ▶ ▶ ▶ ▶ ▶ ▶ ▶ ▶ ▶ ▶

实例 232

图表变换动画的创建

问题介绍： 在幻灯片中使用图表变换动画依次有序地凸显图表中的数据系列，可以很清晰地显示数据。下面为大家简单介绍图表变换动画的创建方法，具体如下。

难度系数：★★★　适用版本：07/10/13/16

❶ 在PPT中打开"素材\第11章\实例232\教师学历比例.pptx"演示文稿，选择"动画"选项卡，在"动画"下拉列表中添加"缩放"进入效果，单击"效果选项"下拉按钮，在列表中选择"按类别"选项，如图11-41所示。

❷ 设置完成后单击"预览"按钮查看效果，如图11-42所示。

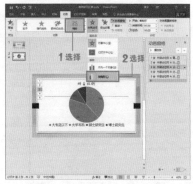

图 11-41 选择"按类别"选项

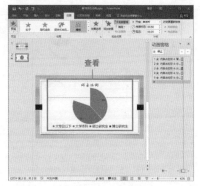

图 11-42 查看效果

技巧拓展

除了在"动画"选项卡的"计时"选项组中设置"开始"选项外，用户还可以在"动画窗格"导航窗格中选择动画的开始时间，如图11-43所示。

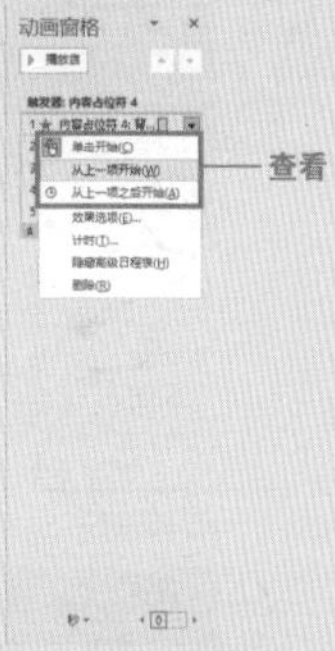

图 11-43 选择动画开始时间

Extra Tip > > > > > > > > > > > >

实例 233

培训课本: 07/10/13/16

文字引导动画的创建

问题介绍： 文字引导动画是通过文字引导出图片等信息，起到解释说明的作用，可以让信息表达更清楚，观众更易于理解，是PPT中比较常用的一种动画效果。

❶ 在PPT中打开"素材\第11章\实例233\年度会议简报.pptx"演示文稿，在幻灯片中绘制圆形。然后选择"绘图工具—格式"选项卡，在"形状样式"选项组中将"形状效果"设为三维形状，并输入文本，在"排列"选项组中单击"组合"下拉按钮，选择"组合"选项，如图11-44所示。

❷ 首先为内容占位符添加"形状"进入效果，然后为圆形组合图形添加"回旋"进入效果，接着在幻灯片中绘制虚线，并将动画效果设为"淡出"。调整图片位置，将图片进入效果设为"淡出"，并沿着虚线绘制自定义路径。使用同样的方法设置其他虚线和图片动画效果，如图11-45所示。

高效能人士 的 PPT 办公秘技 300 招

第1章
第2章
第3章
第4章
第5章
第6章
第7章
第8章
第9章
第10章
第11章
第12章

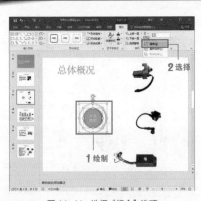

图 11-44 选择"组合"选项

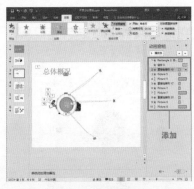

图 11-45 设置动画效果

❸ 设置完成后查看效果，如图11-46所示。

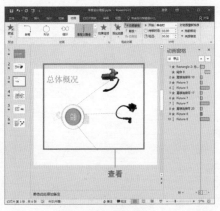

图 11-46 查看效果

技巧拓展

　　如果需要反转图片运动路径方向，可以在"动画"选项卡中单击"效果选项"下拉按钮，在列表中选择"反转路径方向"选项，如图11-47所示。

图 11-47 选择"反转路径方向"选项

Extra Tip ＞＞＞＞＞＞＞＞＞＞＞＞

实例 234

背景替换动画的创建

问题介绍： 背景替换动画可以将背景切换成与幻灯片内容相符的画面，从而凸显这张幻灯片主题，达到吸引观众注意的目的。下面为大家介绍背景替换动画的创建方法。

❶ 在PPT中打开"素材\第11章\实例234\减肥秘籍.pptx"演示文稿，在幻灯片中插入图片，并将图片调整为与幻灯片同样大小的尺寸，选择"图片工具—格式"选项卡，在"排列"选项组中单击"下移一层"下拉按钮，选择"置于底层"选项，如图11-48所示。

❷ 选中图片，在"动画"选项卡中添加"随机线条"进入动画效果，然后依次为其他文本占位符添加动画效果，如图11-49所示。

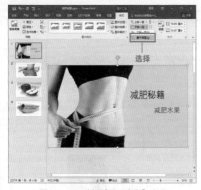

图 11-48 选择"置于底层"选项

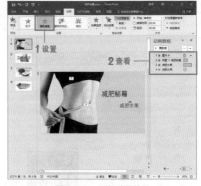

图 11-49 添加动画效果

❸ 同样的方法为其他幻灯片设置动画效果，然后单击"预览"按钮查看效果，如图11-50所示。

图 11-50 查看效果

技巧拓展

用户可以单击"效果选项"下拉按钮，在列表中选择"垂直"选项，背景图动画效果将会沿垂直方向变化，如图11-51所示。

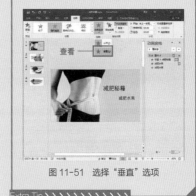

图 11-51 选择"垂直"选项

Extra Tip ＞＞＞＞＞＞＞＞＞＞＞＞

实例 235

网页导航动画的创建

问题介绍： 使用网页导航动画可以将内页版式分为导航页和内容栏两部分。标题内容在导航页，当页面翻转时，导航页相应的标题内容也会发生变化。

① 在PPT中打开"素材\第11章\实例235\戏曲艺术.pptx"演示文稿,选择"插入"选项卡,在"文本"选项组中单击"文本框"下拉按钮,选择"横排文本框"选项,在幻灯片中绘制文本框,并输入文本,如图11-52所示。

② 按Ctrl+D组合键复制对象,并修改文本颜色,依次为幻灯片中的对象添加动画效果,最后将文本框叠加,将红色字体文本框置于底层,如图11-53所示。

图 11-52 选择"横排文本框"选项

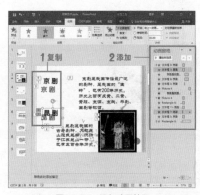

图 11-53 添加动画效果

③ 设置完成后查看效果,此时右侧内容发生变化时,左侧导航页字体颜色也会发生变化,如图11-54所示。

图 11-54 查看效果

技巧拓展

　　如果需要改变图片位置,用户可以切换至"图片工具—格式"选项卡在"排列"选项组中单击"对齐对象"下拉按钮,在下拉列表中选择所需要的图片位置,如图11-55所示。

图 11-55 选择所需的图片位置

实例 236

电度系数·★★ 适用版本: 07/10/13/16

场景切换动画的创建

问题介绍: 场景切换动画替代了传统换幻灯片中一页一页分割的显示方法,展示了一整套场景。场景模式主要通过空间的转换来实现,因此效果更明显,更富有创意和吸引力。

① 在PPT中打开"素材\第11章\实例236\会议简报.pptx"演示文稿,在幻灯片中绘制形状,并设置不同的形状颜色,选择"绘图工具—格式"选项卡,在"排列"选项组中单击"下移一层"下拉按钮,选择"置于底层"选项,如图11-56所示。

② 继续为其他幻灯片添加相同颜色的形状,如图11-57所示。

图 11-56 绘制图形

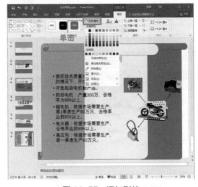

图 11-57 添加形状

③ 为添加的形状设置满意的动画效果,如图11-58所示。

图 11-58 添加动画效果

技巧拓展

要想快速为多个形状设置相同的颜色,用户可以选择"开始"选项卡,在"剪贴板"选项组中单击"格式刷"按钮,进行格式复制操作如图11-59所示。

图 11-59 单击"格式刷"按钮

Extra Tip ＞＞＞＞＞＞＞＞＞＞

高效能人士 的 PPT 办公秘技 300 招

第1章
第2章
第3章
第4章
第5章
第6章
第7章
第8章
第9章
第10章
第11章
第12章

实例 237 二级图标导航动画的创建

难度系数：★★　　适用版本：07/10/13/16

问题介绍： 二级图标导航动画是对转场动画的延伸，可以创建出环环相扣的幻灯片效果，吸引观众注意力。下面为大家简单介绍二级图标导航动画的创建方法。

① 在PPT中打开"素材\第11章\实例237\招聘流程.pptx"演示文稿，在幻灯片中绘制流程图，将不同招聘渠道设为不同的颜色，如图11-60所示。

② 依次为所有形状添加动画效果，并设置运动时间，如图11-61所示。

图 11-60　绘制流程图

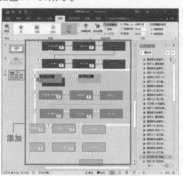

图 11-61　添加动画效果

③ 调整形状位置后，将形状进行叠加处理，如图11-62所示。

图 11-62　调整形状位置

④ 设置完成后单击"预览"按钮查看效果，如图11-63所示

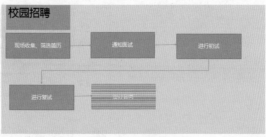

图 11-63　查看效果

第1章

第2章

第3章

第4章

第5章

第6章

第7章

第8章

第9章

第10章

第11章

第12章

技巧拓展

如果对"进入"选项区域中的效果不满意，用户可以选择"更多进入效果"选项，在"更改进入效果"对话框中选择满意的进入效果，如图11-64所示。

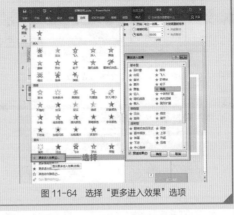

图 11-64 选择"更多进入效果"选项

实例 238

二级同步导航动画的创建

问题介绍： 二级同步导航动画是将所有二级标题排列在一张幻灯片中，选择某一标题时，此标题将会突出显示，达到强调的目的。

难度素材: ★★ 适用版本: 07/10/13/16

① 在PPT中打开"素材\第11章\实例238\水果介绍.pptx"演示文稿，在幻灯片中绘制图形，并编辑文字，在"绘图工具—格式"选项卡中单击"形状效果"下拉按钮，选择"棱台"选项，在子列表中选择满意的棱台样式，如图11-65所示。

② 按Ctrl+D组合键复制形状，并修改形状填充颜色和文本颜色，依次添加动画效果（为绿色形状添加淡出效果，为红色形状添加淡入效果），并将红色形状置于底层，如图11-66所示。

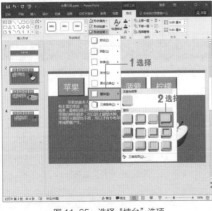

图 11-65 选择"棱台"选项

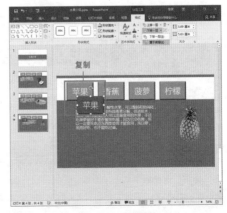

图 11-66 复制形状

③ 为剩余幻灯片形状添加动画效果，并将红色形状与绿色形状重叠，如图11-67所示。

④ 设置完成后查看效果，如图11-68所示。

图 11-67　添加动画效果　　　　　　　　　　图 11-68　查看效果

技巧拓展

如果用户对图片的色调、饱和度等不满意，可以在"图片工具—格式"选项卡中单击"颜色"下拉按钮，在下拉列表中选择合适的饱和度和色调选项，如图11-69所示。

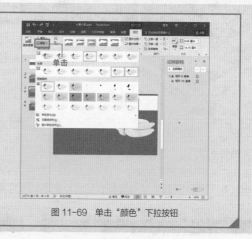

图 11-69　单击"颜色"下拉按钮

Extra Tip ＞＞＞＞＞＞＞＞＞＞＞＞＞

实例 239

图文同步变换动画的创建

问题介绍： 图文同步变换动画是对多组文字和图片进行组合，让他们同步变换。使用图文同步变换动画可以很好地节省PPT空间，并达到吸引观众注意的目的。

难度系数：★★★

① 在PPT中打开"素材\第11章 \ 实例239 \ 绿色植物介绍.pptx"演示文稿，选择"插入"选项卡，在"插图"选项组中单击"形状"下拉按钮，在幻灯片中绘制图形并编辑文字，如图11-70所示。

② 在幻灯片中插入图片，在"图片工具—格式"选项卡中设置图片大小，并删除图片背景，如图11-71所示。

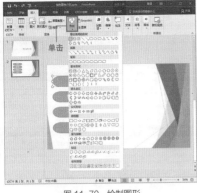

图 11-70 绘制图形

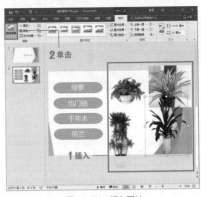

图 11-71 插入图片

❸ 依次为图形和图片添加动画效果，在"计时"选项组中将图片的"开始"设为"与上一动画同时"，如图11-72所示。

❹ 设置完成后单击"预览"按钮，查看图文同步变换的动画效果，如图11-73所示。

图 11-72 添加动画效果

图 11-73 查看效果

技巧拓展

用户如果想重新调整图片效果，可以在"图片工具—格式"选项卡的"调整"选项组中单击"重设图片"下拉按钮，在列表中选择相应的选项，如图11-74所示。

图 11-74 单击"重设图片"下拉按钮

Extra Tip > > > > > > > > > > > >

实例 240

难度系数 ★ ★ ★
活用版本 07/10/13/16

线性时间轴动画的创建

问题介绍： 在制作个人职业生涯规划、项目实施过程等演示文稿时，使用线性时间轴动画，以时间轴加文字或图片的形式展示，可以让观众有总体的印象。

① 在PPT中打开"素材\第11章\实例240\公司发展历程.pptx"演示文稿，选择"插入"选项卡，在幻灯片中绘制"箭头"和"圆形"，设置形状轮廓和形状填充颜色。绘制文本框，在文本框中编辑文字，如图11-75所示。

② 为幻灯片中的形状添加动画效果后，单击"效果选项"下拉按钮，在下拉列表中选择运动方向，如图11-76所示。

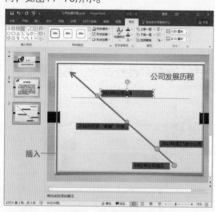

图 11-75　插入形状

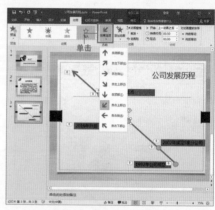

图 11-76　添加运动效果

③ 设置完成后查看线性时间轴动画的效果，如图11-77所示。

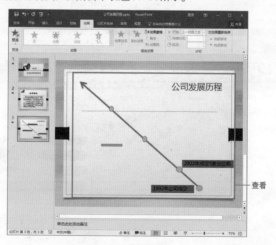

图 11-77　查看效果

第 11 章 PPT 中的常用动画制作

第1章
第2章
第3章
第4章
第5章
第6章
第7章
第8章
第9章
第10章
第11章
第12章

技巧拓展

如果需要设置文本框填充颜色，用户可以在"绘图工具—格式"选项卡的"形状样式"选项组中单击"形状填充"下拉按钮，在下拉列表中选择满意的填充颜色选项，如图11-78所示。

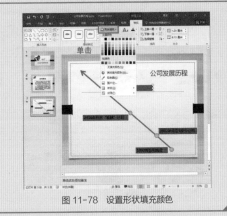

图 11-78　设置形状填充颜色

实例 241

难度系数：★★★　适用版本：07/10/13/16

全景图片移动动画的创建

问题介绍： 使用全景图片移动动画可以在内容变化时，背景也同步运动，达到镜头移动的效果，使演示文稿更具有震撼力，令观众产生身临其境之感。

❶ 在PPT中创建空白演示文稿，选择"插入"选项卡，在"图像"选项组中单击"图片"按钮，在"插入图片"对话框中选择需要插入的图片，单击"打开"按钮，如图11-79所示。

❷ 调整插入图片大小后，选择"插入"选项卡，在"文本"选项组中单击"文本框"下拉按钮，选择"横排文本框"选项，如图11-80所示。

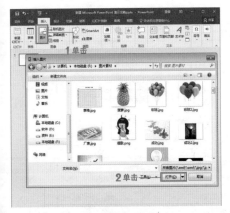

图 11-79　插入图片

图 11-80　绘制文本框

③ 在文本框中输入文本，并设置文本格式。选中图片，选择"动画"选项卡，在"动画"下拉列表中选择"直线"选项，单击"效果选项"下拉按钮，在下拉列表中选择"右"选项，如图11-81所示。

④ 单击"动画窗格"按钮，在"动画窗格"导航窗格中选择"效果选项"选项，在"向右"对话框中勾选"自动翻转"复选框，单击"确定"按钮，如图11-82所示。

图 11-81 选择"右"选项

图 11-82 勾选"自动翻转"复选框

⑤ 设置文本框动画效果，并调整动画顺序，单击"预览"按钮查看效果，如图11-83所示。

图 11-83 查看效果

技巧拓展

如果需要锁定运动路径，用户可以在"向右"对话框的"设置"选项区域中设置路径为"锁定"，如图11-84所示。

图 11-84 选择"锁定"选项

实例
242

难度系数：★★★

适用版本：07/10/13/16

背景渲染内容动画的创建

问题介绍： 当需要在演示文稿中强调某些内容时，除了直接为内容添加动画外，用户还可以设置幻灯片背景变化来渲染内容，从而吸引观众的注意。

① 在PPT中打开"素材\第11章\实例242\公司发展历程.pptx"演示文稿，选择"插入"选项卡，单击"图片"按钮，在"插入图片"对话框中选择需要插入的图片，单击"插入"按钮，如图11-85所示。

② 调整图片大小后，选择"图片工具—格式"选项卡，在"排列"选项组中单击"下移一层"下拉按钮，选择"置于底层"选项，如图11-86所示。

图 11-85　插入图片

图 11-86　选择"置于底层"选项

③ 选中图片，选择"动画"选项卡，在"动画"下拉列表中选择"旋转"选项，将"开始"设为"上一动画之后"，如图11-87所示。

④ 设置完成后，单击"预览"按钮查看效果，如图11-88所示。

图 11-87　设置动画

图 11-88　查看效果

技巧拓展

为了使图片更具有特色，用户可以切换至"图片工具-格式"选项卡，在"调整"选项组中单击"颜色"下拉按钮，在下拉列表中选择满意的图片颜色效果选项，如图11-89所示。

单击

图 11-89　选择所需的图片颜色选项

Extra Tip ▶ ▶ ▶ ▶ ▶ ▶ ▶ ▶ ▶ ▶ ▶ ▶

实例 243

线条勾勒轮廓动画的创建

问题介绍： 展示建筑类图片时，用户可以在演示文稿中使用线条勾勒轮廓动画，以由轮廓到实景的方式让整个建筑自然呈现，来吸引观众的注意力。

① 在PPT中打开"素材\第11章\实例243\建筑类型介绍.pptx"演示文稿，在幻灯片中绘制建筑轮廓，选择"绘图工具—格式"选项卡，单击"形状效果"下拉按钮，在列表中选择"发光"选项，在子列表中选择"发光：8磅；灰色，主题色3"选项，如图11-90所示。

② 选中所有线条，选择"动画"选项卡，在"动画"下拉列表中选择"飞入"动画效果选项，如图11-91所示。

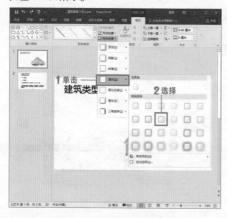

图 11-90　选择"发光"选项

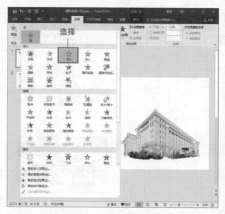

图 11-91　添加动画效果

③ 选中图片，为图片添加"飞入"动画效果，并将"开始"设为"上一动画之后"，如图11-92所示。

④ 设置完成后单击"预览"按钮查看效果，如图11-93所示。

图 11-92 继续添加动画效果

图 11-93 查看效果

技巧拓展

如果需要设置幻灯片切换效果，可以选择"切换"选项卡，在"切换到此幻灯片中"选项组中选择满意的切换效果，如图11-94所示。

图 11-94 选择切换效果

Extra Tip>>>>>>>>>>>>>

实例 244

图片立体移动动画的创建

问题介绍： 图片立体移动动画可以让图片在空间立体运动，营造出图片的立体运动效果，从而使演示文稿更富有特色，吸引观众注意。

① 在PPT中打开"素材\第11章\实例244\减肥秘籍.pptx"演示文稿，在幻灯片中插入图片，调整图片大小后，执行"删除背景"操作，如图11-95所示。

② 为图片设置"缩放"动画效果后，单击"添加动画"按钮，在下拉列表中选择"收缩并旋转"退出效果选项，如图11-96所示。

图 11-95　插入图片

图 11-96　添加动画效果

❸ 在"高级动画"选项组中单击"动画刷"按钮，为其他图片添加动画效果，如图11-97所示。

❹ 在"图片工具—格式"选项卡的"排序"选项组中设置图片位置，如图11-98所示。

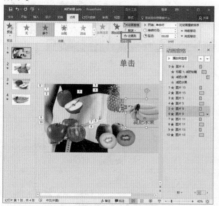

图 11-97　添加动画效果

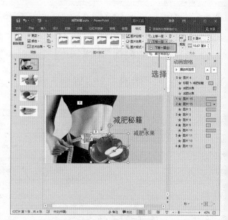

图 11-98　调整图片位置

❺ 设置完成后单击"预览"按钮查看效果，如图11-99所示。

图 11-99　查看效果

实例 245

图片局部放大动画的创建

问题介绍: 在幻灯片中展示产品等实物图形对象时,若需要对局部图片进行放大/缩小处理,可以应用图片局部放大动画。下面为大家介绍图片局部放大动画的创建方法。

1 在PPT中打开"素材\第11章\实例245\鲜花介绍.pptx"演示文稿,在幻灯片中绘制形状,并在"绘图工具—格式"选项卡中将"形状填充"设为"无填充","形状轮廓"设为"蓝色,个性色1,淡色80%",如图11-100所示。

2 在幻灯片中插入图片,然后绘制文本框,并输入文本,继续选择"绘图工具—格式"选项卡,将"形状轮廓"设为"红色",将"粗细"设为"2.25磅",如图11-101所示。

图 11-100　绘制形状

图 11-101　绘制文本框

3 选择"动画"选项卡,为矩形添加"淡入"动画效果,为"文本框"添加"缩放"动画效果,并在"高级动画"选项组中单击"触发"下拉按钮,在下拉列表中选择"单击"选项,在子列表中选择"矩形6"选项;为图片添加"缩放"动画效果,并将"开始"设为"与上一动画同时",如图11-102所示。

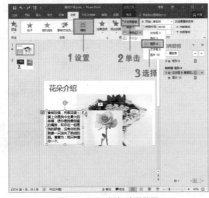

图 11-102　添加动画效果

第1章

第2章

第3章

第4章

第5章

第6章

第7章

第8章

第9章

第10章

第11章

第12章

④ 设置完成后单击"预览"按钮，在查看效果时单击文本框将会弹出文本框和图片，如图11-103所示。

花朵介绍

香槟玫瑰，代表花语：爱上你是我今生最大的幸福，想你是我最甜蜜的痛苦，和你在一起是我的骄傲，没有你的我就像一只迷失了航线的船。寓意为：我只钟情你一个.

图 11-103　查看效果

技巧拓展

PPT中的触发器与超链接相比，有以下几项优点：

a.减少页面，同样的动画效果，使用超链接会增加幻灯片页数；

b.即时响应，互动性更好；

c.不会混乱，使用超链接可能会出现链接出错的情况。

Extra Tip ＞＞＞＞＞＞＞＞＞＞＞＞

实例 246　解释文本出没动画的创建

难度系数：★★★　适用版本：07/10/13/16

问题介绍：在演示文稿中若需要对文本以"标题+文本"的方式进行解释说明，为了强调标题和解释文本之间的联系，可以使用解释文本出没动画。

① 在PPT中打开"素材\第11章\实例246\绿色植物介绍.pptx"演示文稿，在幻灯片中绘制文本框，并输入文本，在"绘图工具—格式"选项卡中单击"形状填充"下拉按钮，在列表中选择满意的填充颜色，如图11-104所示。

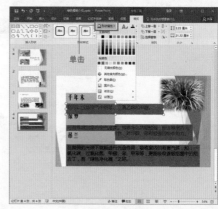

图 11-104　设置填充颜色

❷ 在"动画"选项卡中设置动画效果，并设置对象运动方向，如图11-105所示。

图 11-105　设置运动效果

❸ 设置完成后单击"预览"按钮查看效果，如图11-106所示。

图 11-106　查看设置效果

技巧拓展

除了在"动画窗格"导航窗格中选择"效果选项"选项来弹出"飞入"对话框外，还可以通过双击效果来弹出"飞入"对话框，如图11-107所示。

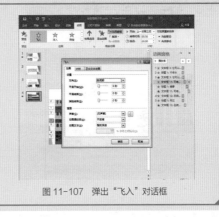

图 11-107　弹出"飞入"对话框

实例 247

柱形图升降动画的创建

问题介绍：在演示文稿中常常会使用柱形图、饼图等来展示数据，为了使数据更生动，用户可以为其添加动画效果。下面为大家介绍如何制作柱形图升降动画。

❶ 在PPT中打开"素材\第11章\实例247\公司销售信息.pptx"演示文稿，选择"插入"选项卡，在"插图"选项组单击"图表"按钮，弹出"插入图表"对话框，选择"三维簇状柱形图"选项，单击"确定"按钮，如图11-108所示。

❷ 自动弹出Excel工作表，修改表格中的数据，此时幻灯片中的数据将自动更改，如图11-109所示。

高效能人士 的 PPT 办公秘技 300 招

第 1 章
第 2 章
第 3 章
第 4 章
第 5 章
第 6 章
第 7 章
第 8 章
第 9 章
第 10 章
第 11 章
第 12 章

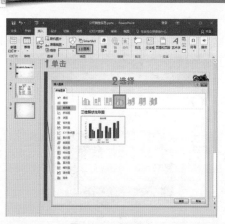

图 11-108　插入图表

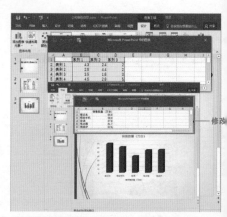

图 11-109　更改 Excel 工作表数据

❸ 在柱形图数据系列旁添加形状，并在"绘图工具—格式"选项卡中单击"形状效果"下拉按钮，在列表中选择"棱台"选项，在子列表中选择"图样"选项，如图11-110所示。

❹ 删除原有柱形图，调整形状位置。在幻灯片中添加文本框，并输入文本，如图11-111所示。

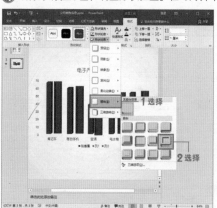

图 11-110　添加形状

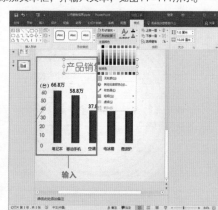

图 11-111　添加文本框

❺ 按住Ctrl键选择部分文本框，选择"绘图工具—格式"选项卡，在"排列"选项组中单击"组合"下拉按钮，选择"组合"选项，如图11-112所示。

❻ 依次为所有对象添加动画效果，如为矩形添加"飞入"效果，同时为数据标签添加"缩放"效果等，最后为数据标签最值添加强调效果，如图11-113所示。

❼ 设置完成后单击"预览"按钮查看效果，如图11-114所示。

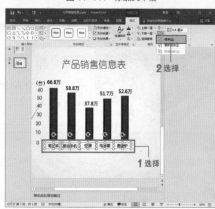

图 11-112　组合形状

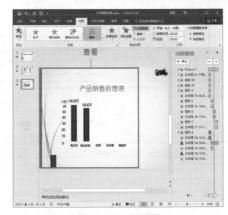

图 11-113　添加效果　　　　　　图 11-114　查看效果

技巧拓展

如果直接为插入的柱形图创建动作效果，各数据系列将作为一个整体同时运动，而不会依次逐步移动。因此，我们可以先创建柱形图，然后依据柱形图绘制形状。

Extra Tip ▶ ▷ ▷ ▷ ▷ ▷ ▷ ▷ ▷ ▷ ▷ ▷

实例 248

饼状图分合动画的创建

问题介绍： 在演示文稿中添加饼图后，为了使幻灯片更富有特色，用户可以为饼状图制作分合动画。下面为大家介绍饼状图分合动画的创建方法。

① 在PPT中打开"素材\第11章\实例248\教师比例分布.pptx"演示文稿，在"插入"选项卡中插入饼图，如图11-115所示。

② 在Excel工作表中修改数据，此时幻灯片中的饼图也会相应发生变化，然后关闭Excel工作表，如图11-116所示。

③ 按下Ctrl+D组合键复制4张饼图，选中图表，右击并执行"设置数据点格式"命令，弹出"设置数据点格式"导航窗格，单击"填充与线条"按钮，在"填充"选项区域中选择"自动"单选按钮，在"边框"选项区域中选择"无线条"单选按钮，效果如图11-117所示。

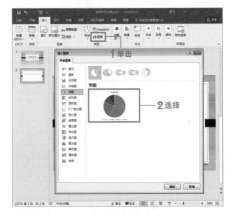

图 11-115　插入饼图

第1章

第2章

第3章

第4章

第5章

第6章

第7章

第8章

第9章

第10章

第11章

第12章

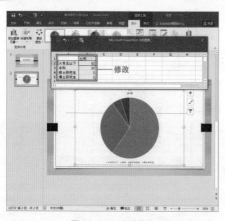

图 11-116　修改数据

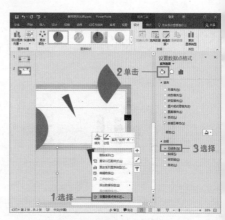

图 11-117　设置饼图填充颜色

④ 依次添加"飞入"动画效果，并设置不同的运动方向，如图11-118所示。

⑤ 在幻灯片中绘制文本框，并输入文本，同时为文本框添加动画效果，如图11-119所示。

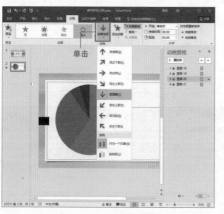

图 11-118　添加动画效果

图 11-119　绘制文本框

⑥ 设置完成后单击"预览"按钮查看效果，如图11-120所示。

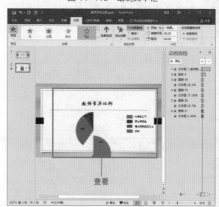

图 11-120　查看效果

技巧拓展

如果需要调整圆形的位置，可以选择"开始"选项卡，在"编辑"选项组中单击"选择"下拉按钮，在列表中选择"选择对象"选项，选中所有图表，然后拖曳鼠标调整至合适位置，如图11-121所示。

Extra Tip》》》》》》》》》》》》

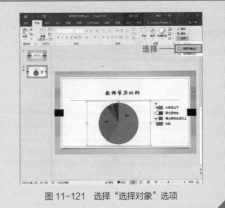

图 11-121　选择"选择对象"选项

实例 249

流程轮转动画的创建

问题介绍： 在制作演示文稿时经常需要使用流程图来展示信息，流程图具有明显的方向、次序和转换属性，使用动画可以将这些属性生动地连接起来，使演示文稿更具有活力。

① 在PPT中打开"素材\第11章\实例249\年会流程.pptx"演示文稿，选择"插入"选项卡，在"插图"选项组中单击"形状"下拉按钮，在列表中选择"箭头：右"选项，然后在幻灯片中绘制形状，如图11-122所示。

② 选择所有对象，选择"图片工具—格式"选项卡，在"排列"选项组中单击"组合"下拉按钮，选择"组合"选项，即可将所有对象组合为一个整体，如图11-123所示。

图 11-122　绘制箭头

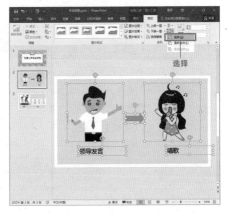

图 11-123　组合图形

③ 选择"动画"选项卡，为组合图形添加"飞入"和"飞出"动画效果，并将"效果选项"设为"到左侧"，如图11-124所示。

④ 切换至第3张幻灯片，在幻灯片中组合所有图形，并添加"飞入"和"飞出"动画效果，如图11-125所示。

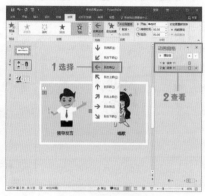

图 11-124 添加动画效果

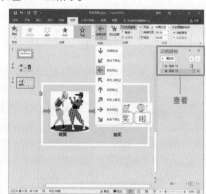

图 11-125 添加动画效果

⑤ 设置完成后可按F5功能键放映幻灯片，此时会实现流程轮转动画，如图11-126所示。

图 11-126 查看效果

技巧拓展

如果需要调整图片大小，用户可以选择"图片工具—格式"选项卡，在"大小"选项组中设置图片的宽度和高度值，如图11-127所示。

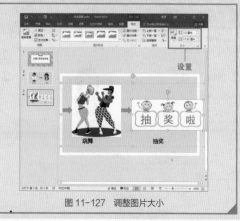

图 11-127 调整图片大小

实例
250

难度系数：★★★　适用版本：全版本

地球旋转动画的创建

问题介绍： 我们可以使用Flash软件制作地球旋转动画效果，那么，能否利用PPT的动画效果功能制作地球旋转动画呢？

❶ 在PPT中打开"素材\第11章\实例250\地球旋转动画.pptx"演示文稿，首先在"设计"选项卡中将幻灯片背景设为"黑色"，然后在幻灯片中绘制圆，在"绘图工具—格式"选项卡中将"形状填充"设为"白色"，"形状轮廓"设为"无轮廓"，如图11-128所示。

❷ 为圆形添加"淡出"动画效果，选择地图图片，将其动作路径设为"直线"，并适当调整路径的起点和终点，如图11-129所示。

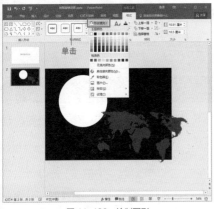

图 11-128　绘制圆形

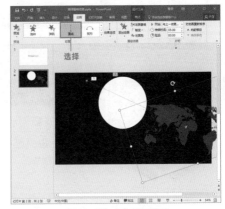

图 11-129　添加动画效果

❸ 使用截图软件截取第2张幻灯片，在Photoshop软件中抠取白色的圆形，保存为PNG格式图片，在PPT中插入该图片，如图11-130所示。

❹ 调整新插入的图片，让两张图片重合，单击"预览"按钮查看效果，如图11-131所示。

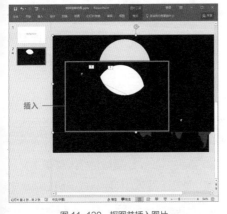

图 11-130　抠图并插入图片

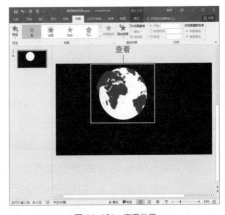

图 11-131　查看效果

第1章
第2章
第3章
第4章
第5章
第6章
第7章
第8章
第9章
第10章
第11章
第12章

技巧拓展

为了使地球看起来更逼真，用户可以选中图形，选择"图片工具—格式"选项卡，单击"图片效果"下拉按钮，选择"棱台"选项，在子列表中选择满意的棱台效果。也可以在 Photoshop 中为地球添加蒙版，如图 11-132 所示。

Extra Tip >>>>>>>>>>>>>

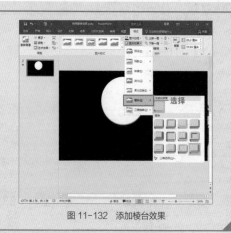

图 11-132　添加棱台效果

职场小知识

凝聚效应

简介： 凝聚效应是指集体对成员的一种吸引作用，凝聚力越大，企业也就越有活力。

凝聚效应是由社会心理学家沙赫特提出的。指在其他因素保持不变的状态下，企业的凝聚力越大，生产效率越高，企业也就越有活力。凝聚效应提示管理者，必须在提高群体凝聚力的同时，加强对群体成员的思想教育，克服群体中可能出现的消极因素，使群体凝聚力成为促进工作效率的动力。

凝聚效应是指集体对成员的一种吸引作用。值得强调的是，集体可以满足人们成就的需要。人们普遍具有一种探索、创造并且取得成就的需要，当通过努力，在某方面取得成绩时，他们就会产生一种积极的情感体验，从而感到精神上的满足。然而个人的力量是有限的，如果能够得到集体中成员的帮助和支持，他们不仅越来越深刻地体会到集体的力量、魅力，更会在集体的帮助下取得更大的成就。

团队凝聚力是维持团队存在的必要条件。如果一个团队丧失凝聚力，就会像一盘散沙，并呈现出低效率状态，难以维持下去；而团队凝聚力较强的团队，其成员工作热情高，做事认真，并有不断创新的能力。因此，团队凝聚力是实现团队目标的重要条件。

作为团队领导人，在给予每位成员自我发挥空间的同时，还要破除个人英雄主义，搞好团队的整体搭配，形成协调一致的团队默契；同时还需努力让团队成员明白彼此之间相互了解、取长补短的重要性。

第12章

演示文稿优化与疑难解答

为了有更丰富的PPT模板可供选择，用户可以在计算机中安装第三方插件，如PPT美化大师，这是一款PPT幻灯片美化插件，具有一键美化功能。本章将利用50个实例为大家介绍演示文稿优化问题和其他疑难问题解答，包括如何获得PPT美化大师程序、如何快速删除当前动画效果、如何为多个对象统一设置宽高，以及取色器和互补色等色彩设置。

查看

下面请观看宣传动画

实例 251

快速获得 PPT 美化大师应用程序

难度系数：★★★ 适用版本：07/10/13/16

问题介绍： 公司办公人员小刘想要下载PPT美化大师应用程序，可是她不知道应该怎样操作。下面将详细为大家介绍获得PPT美化大师应用程序的操作方法。

① 打开搜索引擎，在搜索栏中输入"PPT美化大师"文本，按Enter键显示搜索结果，在第一个网页链接下选择"普通下载"选项，如图12-1所示。

图 12-1　搜索程序

② 单击"浏览"按钮选择下载位置，然后单击"下载"按钮下载程序，如图12-2所示。

图 12-2　下载程序

③ 下载完成后单击"立即安装"按钮，完成PPT美化大师程序的安装操作，如图12-3所示。

图 12-3　安装程序

技巧拓展

在单击"普通下载"按钮前，我们可以看到左侧有个"高速下载"按钮，如果单击此按钮，系统将会先下载其他下载助手软件，然后再下载"PPT美化大师"程序。为了节省电脑内存，我们可以直接使用普通下载方式，如图12-4所示。

图 12-4　使用普通下载方式

Extra Tip ＞＞＞＞＞＞＞＞＞＞＞＞

实例 252

★ ★ ★
适用版本：07/10/13/16

巧用美化大师模板库和幻灯片库

问题介绍： 行政办公人员夏敏创建演示文稿后，对原来的模板不满意，想使用美化大师里面的模板，该怎样操作呢？

① 打开"素材\第12章\实例252\有志者事竟成.pptx"演示文稿，选择"美化大师"选项卡，在"美化"选项组中单击"更换背景"按钮，如图12-5所示。

② 弹出"背景模板"选择面板，选择满意的模板，在模板右下角单击"套用至当前文档"按钮，如图12-6所示。

图 12-5　单击"更换背景"按钮

图 12-6　单击"套用至当前文档"按钮

③ 设置完成后查看效果，此时模板已经发生变化，如图12-7所示。

④ 如果想使用美化大师程序中的幻灯片库，可以选择"美化大师"选项卡，在"新建"选项组中单击"幻灯片"按钮，如图12-8所示。

图 12-7　查看效果

图 12-8　单击"幻灯片"按钮

第1章

第2章

第3章

第4章

第5章

第6章

第7章

第8章

第9章

第10章

第11章

第12章

❺ （5）弹出幻灯片选择面板，在列表中选择满意的幻灯片样式，单击"插入（自动变色）"按钮，如图12-9所示。

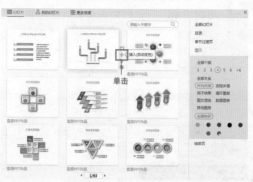

图 12-9　选择幻灯片

❻ 设置完成后查看效果，此时已经成功运用美化大师程序中的幻灯片，如图12-10所示。

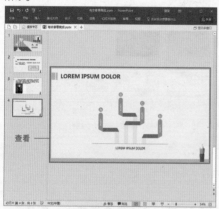

图 12-10　查看效果

技巧拓展

如果用户找不到所需PPT背景模板，可以在搜索栏输入想要的模板名称，按Enter键，即可快速显示查找结果，如图12-11所示。

图 12-11　搜索模板

Extra Tip ＞＞＞＞＞＞＞＞＞＞＞＞＞

实例 253

一秒换装的"魔法换装"功能

问题介绍： 公司办公人员小圆在"美化大师"选项卡中发现有个"魔法换装"功能，觉得挺有意思，但是不知道应该怎样使用。下面为大家介绍如何使用"魔法换装"功能。

❶ 在PPT中打开"素材\第12章\实例253\销售报告会.pptx"演示文稿，选择"美化大师"选项卡，在"美化"选项组中单击"魔法换装"按钮，如图12-12所示。

❷ 弹出"美化魔法师"对话框，稍等片刻即可得到最终效果，如图12-13所示。

单击

图 12-12　单击"魔法换装"按钮

查看

图 12-13　查看设置效果

技巧拓展

使用"魔法换装"功能进行幻灯片背景换装时是随机变化的，如果对此次背景不满意，单击"魔法换装"按钮即可再次切换，如图12-14所示。

图 12-14　切换幻灯片背景

Extra Tip>>>>>>>>>>>>

实例 254

运用画册制作相册演示文稿

问题介绍： 公司办公人员小海觉得自己在PPT中创建的相册不够精美，想使用"美化大师"选项卡下的"画册"功能制作相册演示文稿，该怎么操作呢？

❶ 新建演示文稿，选择"美化大师"选项卡，在"新建"选项组中单击"画册"按钮，弹出"画册"面板，选择满意的画册模板，如图12-15所示。

图 12-15　选择所需画册模板

第1章

第2章

第3章

第4章

第5章

第6章

第7章

第8章

第9章

第10章

第11章

第12章

第1章
第2章
第3章
第4章
第5章
第6章
第7章
第8章
第9章
第10章
第11章
第12章

② 在"画册"面板中单击第一个添加按钮，弹出"打开"对话框，选择图片对象后，单击"打开"按钮，如图12-16所示。

图 12-16　插入图片

③ 返回"画册"面板，单击"完成并插入PPT"按钮，即可在演示文稿中插入画册对象，如图12-17所示。

图 12-17　查看效果

技巧拓展

　　如果需要删除图片，可以单击图片右上角的"清除"按钮，如果需要删除所有图片，可以直接单击"清除所有图片"按钮，如图12-18所示。

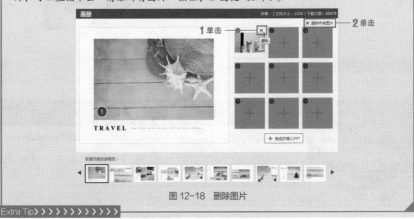

图 12-18　删除图片

Extra Tip》》》》》》》》》》》》

实例
255
难度系数：★★★
适用版本：07/10/13/16

巧用"字体替换"对话框

问题介绍：学校张老师创建演示文稿后，想要修改幻灯片中字体样式，可是她发现逐一修改会浪费大量时间。因此，她想知道能否快速替换字体。

① 在PPT中打开"素材\第12章\实例255\中国古代文化常识竞赛.pptx"演示文稿，选择"美化大师"选项卡，在"工具"选项组中单击"替换字体"按钮，如图12-19所示。

❷ 弹出"字体替换"对话框，在"中文字体"下拉列表中选择"宋体"选项，选择替换字体为"华文行楷"，单击"确定"按钮，如图12-20所示。

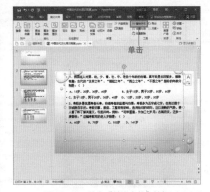

图 12-19 单击"替换字体"按钮

图 12-20 替换字体

❸ 设置完成后查看效果，此时已经成功替换了演示文稿中的字体，如图12-21所示。

图 12-21 查看效果

技巧拓展

如果只需要替换当前页字体样式，可以在"字体替换"对话框的"范围"选项区域中选择"当前所选页"单选按钮，如图12-22所示。

图 12-22 选择"当前所选页"单选按钮

Extra Tip ❯❯❯❯❯❯❯❯❯❯❯❯

实例
256

难度系数：★★★
适用版本：07/10/13/16

快速删除当前页动画效果

问题介绍： 公司办公人员小敏想快速删除当前页的动画效果，可是如果逐一删除会浪费大量时间，她想知道有什么办法可以快速删除当前页的所有动画效果。

1 在PPT中打开"素材\第12章\实例256\股东大会.pptx"演示文稿,选择"美化大师"选项卡,在"工具"选项组中单击"批量删除"按钮,如图12-23所示。

图12-23　单击"批量删除"按钮

3 设置完成后可看到当前页的动画已经成功删除了,如图12-25所示。

2 此时,在"美化大师"选项卡下新增了"批量删除"选项组,在该选项组中单击"删动画"下拉按钮,选择"删除当前页"选项,在弹出的信息提示对话框,单击"是"按钮,如图12-24所示。

图12-24　选择"删除当前页"选项

图12-25　查看效果

技巧拓展

在"批量删除"下拉列表中选择"删除全部"选项,即可删除所有动画效果,如图12-26所示。

图12-26　选择"删除全部"选项

实例 257

快速删除所有切换效果

问题介绍：公司办公人员小佳想删除所有幻灯片的切换效果，可是如果逐一删除，将会浪费大量时间，她想知道有没有什么技巧可以快速删除所有幻灯片的切换效果。

① 在PPT中打开"素材\第12章\实例257\致新员工.pptx"演示文稿，选择"美化大师"选项卡，在"工具"选项组中单击"批量删除"按钮，如图12-27所示。

图 12-27　单击"批量删除"按钮

② 在"批量删除"选项组中单击"删页切换"下拉按钮，选择"删除全部"选项，弹出"删除页切换"对话框，单击"是"按钮，如图12-28所示。

图 12-28　选择"删除全部"选项

③ 设置完成后查看效果，此时已经快速删除所有幻灯片的切换效果，如图12-29所示。

图 12-29　查看效果

技巧拓展

如果需要删除指定幻灯片的切换效果，可以选择这些幻灯片，在"删页切除"下拉列表中选择"删除所选页"选项，如图12-30所示。

图 12-30　选择"删除所选页"选项

Extra Tip ＞＞＞＞＞＞＞＞＞＞＞

实例 258 为多个对象统一设置宽高

问题介绍：公司办公人员小李想为幻灯片中的多个对象设置同样的宽高，如果逐一设置会浪费大量时间，他想知道如何快速为多个对象统一设置宽高。

① 在PPT中打开"素材\第12章\实例258\观花植物品种大全.pptx"演示文稿，按Ctrl键的同时选中所有图片，选择"美化大师"选项卡，单击"统一宽高"按钮，在其子列表中选择"最大宽高度"选项，如图12-31所示。

② 设置完成后查看效果，如图12-32所示。

图 12-31　选择"最大宽高度"选项

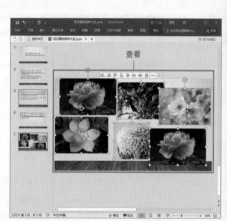

图 12-32　查看效果

技巧拓展

除了可以设置对象的"最大宽高度"外，还可以设置"最小高度"，具体操作步骤如下。

选择"美化大师"选项卡，单击"统一宽高"按钮，在其子列表中选择"最小高度"选项，如图12-33所示。

图 12-33　选择"最小高度"选项

实例 259

制作多页拼图

问题介绍：公司办公人员小明想将幻灯片生成为一张长图，可是她不知道应该怎么操作。下面为大家介绍如何在PPT美化大师中执行多页拼图操作。

适用版本：07/10/13/16

① 在PPT中打开"素材\第12章\实例259\年度会议简报.pptx"演示文稿，按Ctrl键的同时选中所有幻灯片，选择"美化大师"选项卡，在"工具"选项组中单击"导出"按钮，如图12-34所示。

② 然后在"导出"选项组中单击"多页拼图"下拉按钮，在下拉列表的"竖排一列"选项区域中选择"所选幻灯片"选项，如图12-35所示。

图 12-34 单击"导出"按钮

图 12-35 选择"所选幻灯片"选项

③ 弹出"保存"对话框，选择保存位置，并修改文件名，单击"保存"按钮。然后在弹出的"导出图片"对话框中单击"确定"按钮，如图12-36所示。

④ 打开新保存的文件，此时可看到已经将幻灯片保存为一张长图，如图12-37所示。

图 12-36 保存文件

图 12-37 查看效果

高效能人士 的 PPT 办公秘技 300 招

第1章
第2章
第3章
第4章
第5章
第6章
第7章
第8章
第9章
第10章
第11章
第12章

技巧拓展

除了可以将所有幻灯片保存为一张长图外，用户还可以将每张幻灯片保存为一张图片。首先在"导出"选项组中单击"导出图片"下拉按钮，然后选择"全部幻灯片"选项，如图12-38所示。

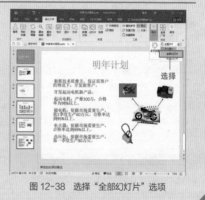

图 12-38 选择"全部幻灯片"选项

实例 260 为图片添加虚化效果

问题介绍：公司办公人员小明想为幻灯片中的图片添加虚化效果，可是他不知道该怎么操作，下面详细介绍操作方法。

① 在PPT中打开"素材\第12章\实例260\植物观赏.pptx"演示文稿，在演示文稿中插入图片，然后调整图片大小及位置，按Ctrl+D组合键复制图片，并将两张图片重合，如图12-39所示。

② 选择图片，选择"图片工具—格式"选项卡，在"大小"选项组中单击"裁剪"下拉按钮，在下拉列表中选择"裁剪"选项，将图片剪裁至满意大小，如图12-40所示。

图 12-39 复制图片

图 12-40 剪裁图片

③ 选中图片并右击，执行"设置图片格式"命令，弹出"设置图片格式"导航窗格，在"艺术效果"下拉列表中选择"虚化"选项，如图12-41所示。

④ 设置完成后查看效果，如图12-42所示。

图 12-41　执行"设置图片格式"命令

图 12-42　查看虚化效果

技巧拓展

　　a.如果对虚化半径不满意，可以在"设置图片格式"导航窗格中修改"半径"值，如图12-43所示。

　　b.除了可以在"设置图片格式"导航窗格中设置艺术效果外，用户还可以选择"图片工具—格式"选项卡，在"调整"选项组中单击"艺术效果"下拉按钮，在下拉列表中选择"虚化"选项，如图12-44所示。

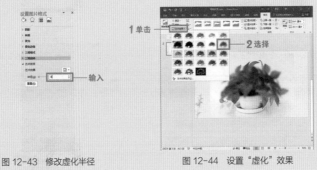

图 12-43　修改虚化半径　　　　　　　　图 12-44　设置"虚化"效果

Extra Tip ▶ ▶ ▶ ▶ ▶ ▶ ▶ ▶ ▶ ▶ ▶ ▶ ▶

实例 261

调整图片大小

问题介绍： 用户将图片按原规格插入幻灯片页面后，其大小往往不能满足需求，为了使插入的图片美观且适用于文稿内容，需要对其大小进行适当地调整，具体操作方法如下。

① 打开演示文稿并选中插入的图片，此时图片四周将出现8个控制点，单击并拖动控制点，可将图片放大或缩小，如图12-45所示。

② 若拖动四角的控制点，可将图片等比放大或缩小，如图12-46所示。

图 12-45　拖动边控制点

图 12-46　拖动角控制点

③ 选择"图片工具–格式"选项卡，在"高度"和"宽度"数值框输入适当的数值，可以精确调整图片的大小，如图12-47所示。

图 12-47　精确调整图片大小果

④ 在"图片工具–格式"选项卡下，单击"大小"选项组的对话框启动器，即可打开"设置图片格式"导航窗格，如图12-48所示。

图 12-48　打开"设置图片格式"导航窗格

⑤ 在"大小"选项区域中，用户可以通过设置"尺寸和旋转"或"缩放比例"下的"高度"和"宽度"值，适当调整图片大小，如图12-49所示。

图 12-49　设置图片大小

技巧拓展

在"设置图片格式"导航窗格中，若勾选"大小"选项区域中的"锁定纵横比"复选框，则在"高度"和"宽度"数值框输入数值调整图片大小时，输入高度值，则宽度会随之发生改变，反之亦然。

实例 262

对图片进行焦点处理

问题介绍： 焦点处理用于突出显示图片的某一部分，而弱化图片其他部分。对图片进行焦点处理后能更吸引观众注意，使演示文稿更具特色。

① 新建演示文稿，选择"插入"选项卡，单击"图片"按钮来执行"插入图片"操作，如图12-50所示。

图 12-50　插入图片

② 在"插入"选项卡中单击"形状"下拉按钮，在下拉列表中选择"椭圆"形状选项，并在幻灯片中遮盖原有部分图片，如图12-51所示。

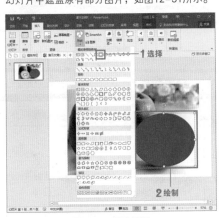

图 12-51　绘制形状

③ 先选中图片，再按住Ctrl键选中形状，选择"绘图工具—格式"选项卡，在"插入形状"选项组中单击"合并形状"下拉按钮，在下拉列表中选择"拆分"选项，如图12-52所示。

图 12-52　选择"拆分"选项

④ 选中图片，选择"图片工具—格式"选项卡，在"调整"选项组中单击"颜色"下拉按钮，在下拉列表的"颜色饱和度"选项区域中选择"饱和度：0%"选项，如图12-53所示。

图 12-53　选择"饱和度：0%"选项

❸ 设置完成后调整形状，效果如图12-54所示。

图 12-54　查看效果

技巧拓展

　　在对图片进行焦点处理后，会发现颜色部分和黑白照片过渡不自然，此时可以选择"图片工具—格式"选项卡，单击"图片效果"下拉按钮，在下拉列表中选择"柔化边缘"选项，在其子列表中选择"10磅"选项，如图12-55所示。

图 12-55　选择"10磅"选项

Extra Tip▶ ▶ ▶ ▶ ▶ ▶ ▶ ▶ ▶ ▶ ▶ ▶

实例 263

应用取色器

问题介绍：在进行颜色设置时，如果无法判断此颜色的颜色模式值，用户可以使用取色器快速为其他对象设置相同的颜色。下面为大家介绍PPT中取色器的用法。

❶ 在PPT中打开"素材\第12章\实例263\活动流程.pptx"演示文稿，选择需要设置颜色的形状后，选择"绘图工具—格式"选项卡，在"形状样式"选项组中单击"形状填充"下拉按钮，选择"取色器"选项，如图12-56所示。

❷ 此时鼠标指针将会变为 ✐ 形状，单击想要复制的颜色区域，即可快速选取颜色，如图12-57所示。

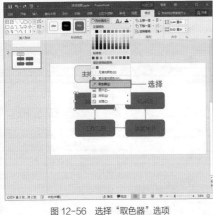

图 12-56 选择"取色器"选项

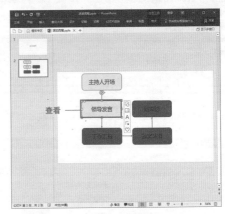

图 12-57 选取颜色

技巧拓展

如果想使用"取色器"来设置形状轮廓样式,可以在"形状样式"选项组中单击"形状轮廓"下拉按钮,在列表中选择"取色器"选项,如图12-58所示。

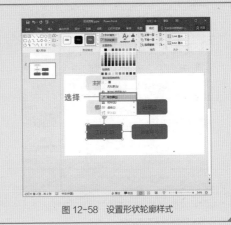

图 12-58 设置形状轮廓样式

Extra Tip ＞＞＞＞＞＞＞＞＞＞＞＞

实例 264

为图表数据标签添加引导线条

问题介绍: 公司办公人员小张在演示文稿中创建饼图后,想将数据系列添加至图表外侧,并且需要添加引导线条,该怎样操作呢?下面为大家介绍如何为图表数据标签添加引导线条。

进度系数: ★ ★ ★

适用版本: 07/10/13/16

❶ 在PPT中打开"素材\第12章\实例264\销售统计额.pptx"演示文稿,选中图表,单击图表右上角的"图表元素"按钮,在下拉列表中单击"数据标签"右侧的按钮,在其子列表中选择"数据标签外"选项,如图12-59所示。

❷ 选中数据标签后,选择"开始"选项卡,在"字体"选项组中设置文本的字号大小。然后依次按住鼠标左键,适当拖动数据标签,此时将会自动添加引导线,如图12-60所示。

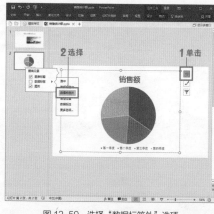

图 12-59　选择"数据标签外"选项

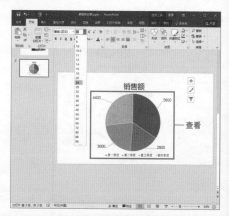

图 12-60　添加引导线

技巧拓展

　　如果拖动数据标签后没有显示引导线，可以双击数据标签，在弹出的"设置数据格式"导航窗格中勾选"显示引导线"复选框，如图12-61所示。

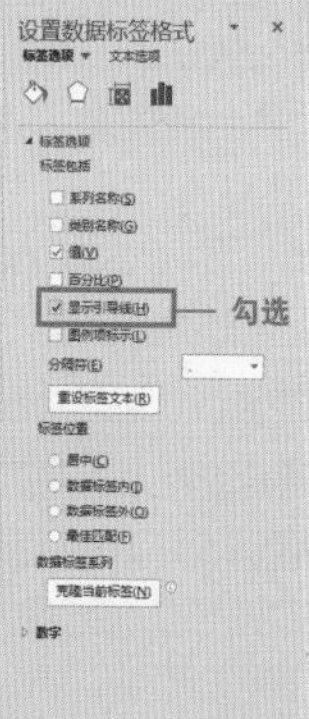

图 12-61　勾选"显示引导线"复选框

Extra Tip ＞＞＞＞＞＞＞＞＞＞＞

实例 265　PPT 中的色彩模式

问题介绍：色彩模式是数字世界中表示颜色的一种算法，在PPT中色彩模式主要有RGB和HSL两种。

难度系数：★★★
适用版本：全版本

❶ 下面为大家介绍如何设置PPT中的RGB值，首先选择"绘图工具—格式"选项卡，在"形状样式"选项组中单击"形状填充"下拉按钮，在下拉列表中选择"其他填充颜色"选项，如图12-62所示。

❷ 此时将弹出"颜色"对话框，选择"自定义"选项卡，将"颜色模式"设为RGB模式，并设置"红色""绿色""蓝色"的值，如图12-63所示。

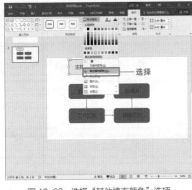

图 12-62 选择"其他填充颜色"选项

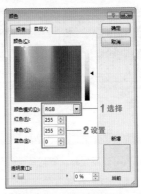

图 12-63 选择 RGB 选项

③ HSL色彩模式是工业界的一种颜色标准，是通过对色调(H)、饱和度(S)、亮度(L)三个颜色通道的设置以及它们相互之间的叠加来得到各式各样的颜色，HSL即代表色调、饱和度、明度三个通道的颜色，也是目前运用最广的颜色系统之一。使用同样的方法打开"颜色"对话框后，选择"自定义"选项卡，选择"颜色模式"为"HSL"选项，并更改"色调"、"饱和度"、"亮度"的值，如图12-64所示。

图 12-64 选择 HSL 选项

技巧拓展

RGB色彩模式是工业界的一种颜色标准，是通过对红(R)、绿(G)、蓝(B)三个颜色通道的变化以及它们相互之间的叠加来得到各式各样的颜色，RGB值即代表红、绿、蓝三个通道的颜色，这个标准几乎包括了人类视力所能感知的所有颜色，是目前运用最广的颜色系统之一。

每种颜色都有对应的RGB值，如果对RGB值不了解，可以在搜索引擎上查看所需要颜色的RGB值，如图12-65所示。

图 12-65 查看颜色的 RGB 值

Extra Tip >>>>>>>>>>>>

实例 266　互补色的应用

问题介绍： 当两种颜色互为补色时，若一种颜色占的面积远大于另一种颜色的面积时，可以增强画面的对比度，使画面能够很显眼。

❶ 互补色，在光学中是指两种色光以适当的比例混合而能产生白光。例如色彩中常见的互补色有红色与绿色互补，蓝色与橙色互补，紫色与黄色互补等。并且互补色相对色相（色调）距离在180°左右，会使观众的视觉效果更加强烈、丰富，如图12-66所示。

❷ 互补色能强烈冲击观众的视觉效果，但是它的缺点就是不稳重，让人产生浮夸之感。因此要想把互补色运用地恰到好处，需要一定的配色技术。互补色用法：选择色轮上相对的颜色，再通过降低纯度在色轮上相互对着的颜色，如图12-67所示。

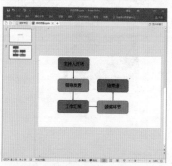

图 12-66　查看互补色效果

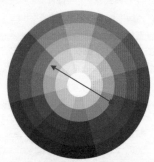

图 12-67　互补色用法

实例 267　对比色的应用

问题介绍： 对比色是人的视觉感官所产生的一种生理现象，是视网膜对色彩的平衡作用。指在24色相环上相距120度到180度之间的两种颜色，称为对比色。

❶ 对比色是指两种可以明显区分的色彩，包括色相对比、明度对比、饱和度对比、冷暖对比、补色对比、色彩和消色的对比等，是构成明显色彩效果的重要手段，也是赋予色彩以表现力的重要方法。其表现形式又有同时对比和相继对比之分，比如黄和蓝、紫和绿、红和青，任何色彩和黑、白、灰，深色和浅色，冷色和暖色，亮色和暗色都是对比色关系。对比色相对比的色相距离在130°左右，比互补色对比给人的视觉冲击弱，如图12-68所示。

❷ 对比色效果不容易组织，容易给人一种倾向性不强、个性不鲜明之感。

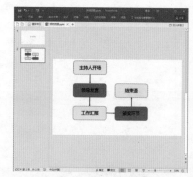

图 12-68　查看对比色效果

实例 268

同类色的应用

问题介绍: 同类色的颜色比邻近色更加接近,主要指在同一色相中不同的颜色变化。用户如果能够根据需要调配出更多、更丰富的同类色,色彩表现力就会越来越强。

① 同类色是指色系相同,纯度和明度(亮度)不同的色彩,色彩中常见的同类色有深红与浅红、深蓝与浅蓝、深绿与浅绿等,它的色相距离在15°以下。这样的色相对比,色相感会显得单纯、柔和、耐看,如图12-69所示。

② 同类色可以形成明暗的层次,给人一种简洁明快、柔和单纯的美感。但是同类色搭配,缺乏颜色的层次感,对比相对较弱。同类色用法:色轮上左右相邻色,但在使用时注意颜色比例,一个为主,其他的为辅助(减少用色面积)。同类色一般不容易用错,看起来比较和谐,如图12-70所示。

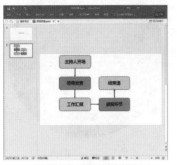

图 12-69 查看同类色效果

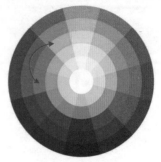

图 12-70 同类色用法

实例 269

邻近色的应用

问题介绍: 邻近色之间往往是你中有我,我中有你的关系。比如朱红与桔黄,朱红以红为主,里面略有少量黄色,虽然它们在色相上有很大差别,但在视觉上却比较接近。

① 邻近色是指24色相环中相距90°,或者相隔五六个数位的两色。邻近色彼此近似,冷暖性质一致,色调统一和谐、感情特性一致,在色彩中常见的邻近色有红色与黄橙色、蓝色与黄绿色等,如图12-71所示。

② 邻近色一般有两个范围,绿蓝紫的邻近色大多数都在冷色范围内,红黄橙的邻近色大多数都在暖色范围内。使用邻近色会使色相间色彩倾向近似,冷色组或暖色组较为明显,效果鲜明完整、和谐统一,感情特性一致,具有独特的美感。

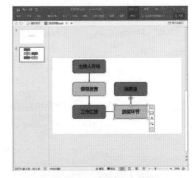

图 12-71 查看邻近色效果

三角色的应用

问题介绍：红、黄、蓝三种颜色在色相环上组成一个正三角形，被称为三原色组合，这种组合具有强烈的动感。下面介绍的幻灯片中三角色的应用方法，具体如下。

① 在PPT中打开"素材\第12章\实例270\产品销售情况.pptx"演示文稿，此时可以看到柱形图中有三种填充颜色，此颜色组合就是三角色，如图12-72所示。

② 三角色的用法是在色轮上选取三种颜色，一个颜色为主色调，其他为辅助色调。三色系一般比较活泼，要想使幻灯片色调显得比较时尚，可以考虑使用三角色，如图12-73所示。

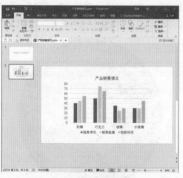

图 12-72　为柱形图应用三角色

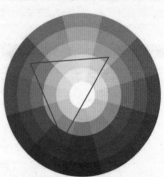

图 12-73　三角色用法

分散互补色的应用

问题介绍：分散互补色和互补色相似，分散互补色的对立色是补色的邻近两色。如紫红色的补色是草绿色，那它的分散互补色就是金黄色和绿色。

① 在PPT中打开"素材\第12章\实例271\产品销售情况.pptx"演示文稿，此时可以看到柱形图中有三种填充颜色，此颜色组合就是分散互补色，如图12-74所示。

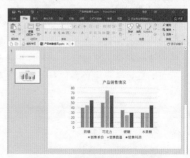

图 12-74　为柱形图应用分散互补色

② 分散互补色系用法是先选取一个颜色，再选取其对立色的邻近两色，这样视觉冲击很大，比较吸引人的眼球，如图12-75所示。

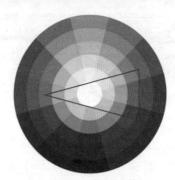

图 12-75　分散互补色用法

实例 272　四方色的应用

问题介绍：四方色又称方形四色系，是指在色轮上画一个正方形，取四个角的颜色，使用其中一个颜色作为主色，其他的三个颜色作为辅助色，注意用色比例，冷暖色平衡。

① 在PPT中打开"素材\第12章\实例272\销售统计额.pptx"演示文稿。

② 此时可以看到饼图中有四种填充颜色，此颜色组合就是四方色，如图12-76所示。

图 12-76　查看四方色的应用效果

技巧拓展

在上述实例中分别运用了紫红色、橙黄色、黄绿色和蓝紫色，其中以黄绿色为主，其余三色为辅助色，使用此搭配可以令人产生惊艳之感，如图12-77所示。

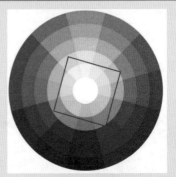

图 12-77　四方色用法

Extra Tip▶▶▶▶▶▶▶▶▶▶▶▶

第1章
第2章
第3章
第4章
第5章
第6章
第7章
第8章
第9章
第10章
第11章
第12章

实例
273

四方补色的应用

问题介绍： 四方补色又称矩形四色系。四方补色和四方色的差别在于四方补色采用的是一个矩形，是通过一组互补色两旁的颜色建立的色彩组合。

难度系数：★★★ 适用版本：全版本

① 在PPT中打开"素材\第12章\实例273\销售统计额.pptx"演示文稿。

② 此时可以看到饼图中有四种填充颜色，此颜色组合就是四方补色，如图12-78所示。

图 12-78　查看应用四方补色的效果

技巧拓展

a.在上述实例中首先采用互补色橙色和蓝色，分别选用他们两旁的颜色来建立矩形，最终取得橙红色、橙黄色、蓝绿色和蓝紫色，如图12-79所示。

b.四方补色用法：在色轮上首先选取一对互补色，然后选用他们两旁的颜色来建立矩形，四种颜色两对互补色，优点是变化丰富，但仍注意要选取一个主体色，还有就是冷暖色使用的平衡。

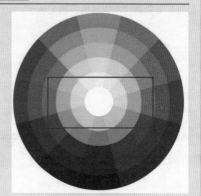

图 12-79　四方补色的用法

Extra Tip ＞＞＞＞＞＞＞＞＞＞＞＞

实例
274

HSL 调色法的应用

问题介绍： HSL色彩模式是工业界的一种颜色标准，HSL即代表色调、饱和度和明度三个通道的颜色，是目前运用最广的颜色系统之一。

难度系数：★★★ 适用版本：全版本

❶ 色调（Hue）是色彩的基本属性，就是人们平常所说的颜色名称，如紫色、青色、品红等等。我们可以在一个圆环上表示出所有的色相。饱和度（Saturation）是指色彩的纯度，饱和度越高色彩越纯越浓，饱和度越低则色彩将变灰变淡。亮度（Lightness）指的是色彩的明暗程度，亮度值越高，色彩越白；亮度越低，色彩越黑，如图12-80所示。

图 12-80 查看颜色

❷ 色彩的三大关系为：平行、垂直、斜交。平行色彩主要用于不同元素的并列关系（如图12-81所示）或同一元素的渐变（如图12-82所示）。值得注意的是，在表达并列关系的元素时，要慎用灰色，且不宜过多，否则容易产生强调关系或者造成整体不协调。

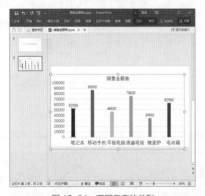

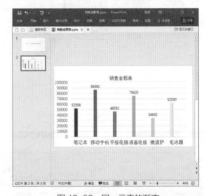

图 12-81 不同元素的并列　　　　　　　　　　图 12-82 同一元素的渐变

❸ 垂直色彩表示同一/不同元素基于某种色调的层次变化关系。具体表现为：强调元素用深色，非强调元素用浅色或灰色（如图12-83所示），将最明显的色彩置于中央，淡化色彩层次（如图12-84所示）。

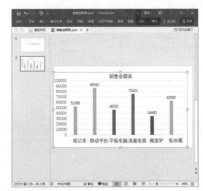

图 12-83 强调元素　　　　　　　　　　　　　图 12-84 淡化色彩层次

④ 斜交色彩是平行色彩与垂直色彩的结合，可实现更丰富的配色。具体斜交方式为：先平行调节色调，后垂直调节饱和度（或者先平行调节饱和度，后垂直调节色调）；先平行调节色调，后垂直调节亮度（或者先平行调节亮度，后垂直调节色调）；还可以先平行调节色调（如图12-85所示），然后垂直调节亮度（如图12-86所示），再垂直调节饱和度（如图12-87所示）等。

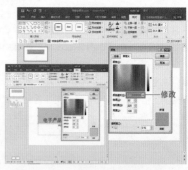

图 12-85　调节色调

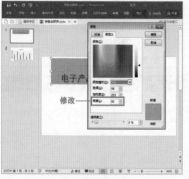

图 12-86　调节亮度

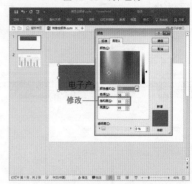

图 12-87　调节饱和度

技巧拓展

　　如果想得到一个色调由浅到深的颜色，可以调节亮度。当H、S不变，L=0时，颜色为黑色；当L=255时，颜色为白色。如果想要得到一个色调艳丽或者偏灰的颜色，可以调节饱和度。当H、S不变，S=0时，颜色为灰色，如图12-88所示；当S=255时，颜色最艳丽，如图12-89所示。

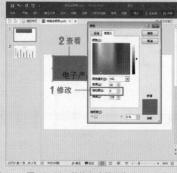

图 12-88　将饱和度值设为 0

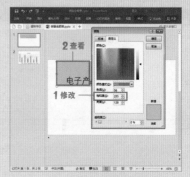

图 12-89　将饱和度值设为 255

按需打印幻灯片

问题介绍: 公司办公人员小丽想打印演示文稿中的部分内容，可是不知道该怎么设置幻灯片的打印范围。下面介绍按需打印幻灯片内容的操作方法，具体如下。

① 在PPT中打开"素材\第12章\实例275\旅游指南.pptx"演示文稿，单击"文件"标签，选择"打印"选项，如图12-90所示。

② 在"打印"选项面板中单击"设置"选项区域的"打印全部幻灯片"下拉按钮，从列表中选择"自定义打印范围"选项，如图12-91所示。

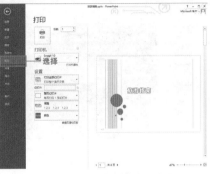

图 12-90　打开"打印"选项面板

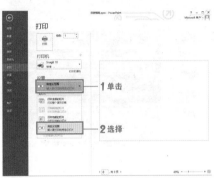

图 12-91　选择"自定义打印范围"选项

③ 然后按照提示输入幻灯片的打印范围后，单击"打印"按钮，执行打印操作，如图12-92所示。

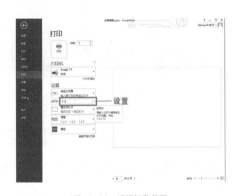

图 12-92　设置打印范围

技巧拓展

　　用户若需要设置演示文稿的打印份数，则在"打印"选项面板中设置"份数"右侧数值框中的值即可。

Extra Tip＞＞＞＞＞＞＞＞＞＞＞＞

用键盘辅助定位对象

问题介绍: 在进行演示文稿编辑时,用户可以使用键盘来辅助定位对象,从而快速找到目标幻灯片并进行编辑操作,具体操作方法如下。

① 打开素材文件,选择第二张幻灯片,按下Page Up键,可快速定位到上一张幻灯片,如图12-93所示。

② 按下End键,可快速定位到最后一张幻灯片,如图12-94所示。

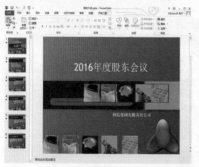

图 12-93 快速定位到上一张幻灯片

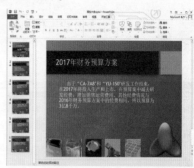

图 12-94 快速定位到最后一张幻灯片

③ 在键盘上按两次向上方向键,可定位第三张幻灯片;按一次向下方向键,可定位至第四张幻灯片,如图12-95所示。

图 12-95 快速定位到第 4 张幻灯片

技巧拓展

在进行幻灯片定位时,除了可以使用键盘辅助功能进行定义外,用户还可以拖动Power Point窗口最右边的垂直滚动条进行定位。

实例 277

排版之旋转图片

问题介绍: 公司办公人员小夏想要快速旋转图片,可是他不知道如何操作。下面为大家介绍如何根据幻灯片版式要求选择合适的图片旋转方式。

① 在PPT中打开"素材\第12章\实例277\人才招聘.pptx"演示文稿,选中需要旋转的图片,选择"图片工具—格式"选项卡,在"排列"选项组中单击"旋转对象"下拉按钮,在下拉列表中选择合适的旋转方向,如图12-96所示。

② 设置完成后可查看效果,此时图片已水平翻转,如图12-97所示。

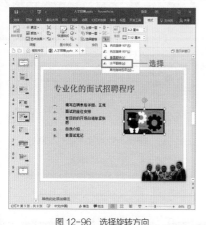

图 12-96 选择旋转方向

图 12-97 查看翻转效果

技巧拓展

用户还可以在"旋转对象"下拉列表中选择"其他旋转选项"选项,打开"设置图片格式"导航窗格,单击"大小与属性"按钮,在"大小"选项下的"旋转"文本框中输入任意旋转角度,此时图片将随之旋转,如图12-98所示。

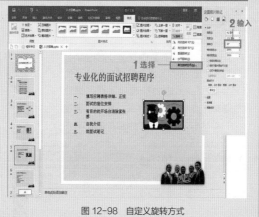

图 12-98 自定义旋转方式

Extra Tip >>>>>>>>>>>>>

通过文稿锁定来保护 PPT

实例 278

难度系数：★★★ 适用版本：07/10/13/16

问题介绍： 为了PPT的安全性，公司办公人员小佳想将文稿进行锁定，可是她不知道应该怎样操作。下面为大家介绍将演示文稿标记为最终状态的操作方法。

① 在PPT中打开"素材\第12章\实例278\家长会议.pptx"演示文稿，单击"文件"标签，选择"信息"选项，在"信息"选项面板中单击"保护演示文稿"下拉按钮，在下拉列表中选择"标记为最终状态"选项，如图12-99所示。

② 弹出信息提示框，单击"确定"按钮，此时幻灯片将被标记为最终状态，如图12-100所示。

图 12-99　选择"标记为最终状态"选项

图 12-100　查看效果

加密演示文稿

实例 279

难度系数：★★★ 适用版本：全版本

问题介绍： 公司办公人员小敏在编辑完演示文稿后，为了防止别人偷看，想对演示文稿进行加密处理，可是她不知道应该怎样操作。下面为大家介绍如何加密演示文稿。

① 在PPT中打开"素材\第12章\实例279\中国古代文化常识竞赛.pptx"演示文稿，单击"文件"标签，选择"另存为"选项，在"另存为"选项面板中双击"这台电脑"选项，弹出"另存为"对话框，设置文件保存位置，单击"工具"下拉按钮，在下拉列表中选择"常规选项"选项，如图12-101所示。

图 12-101　选择"常规选项"选项

② 弹出"常规选项"对话框，在"打开权限密码"和"修改权限密码"文本框中输入密码，单击"确定"按钮，如图12-102所示。

图 12-102　输入密码

③ 弹出"确认密码"对话框，重新输入密码并单击"确定"按钮，如图12-103所示。

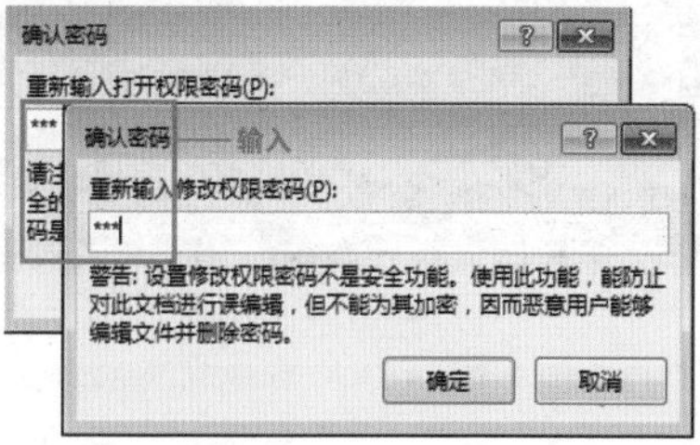

④ 当再次打开此演示文稿时，需要输入打开密码，如图12-104所示。

图 12-103　确认密码

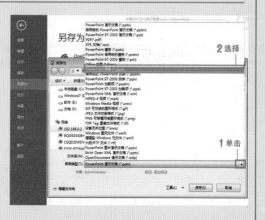

图 12-104　查看效果

技巧拓展

除了对文件进行加密来防止别人修改演示文稿内容外，用户还可以设置演示文稿的保存类型为"PowerPoint放映"。打开演示文稿，执行"文件>另存为"命令，在弹出的"另存为"对话框中单击"保存类型"右侧下拉按钮，选择"PowerPoint放映"选项，然后单击"保存"按钮，如图12-105所示。

图 12-105　选择保存类型为"PowerPoint 放映"

实例 280 随意调节播放窗口大小

问题介绍： 公司办公人员小李发现通常PPT是以全屏方式来播放演示文稿，要想将播放窗口最小化，是非常不方便的。她想知道有什么方法可以随意调节播放窗口大小。

① 打开"素材\第12章\实例280\股东大会.pptx"演示文稿，按F5键播放演示文稿，然后右击并，执行"显示演示者视图"命令，如图12-106所示。

② 设置完成后，即可随意调节播放窗口，也可以在窗口中进行"放大字体""添加墨迹"等操作，如图12-107所示。

图 12-106 执行"显示演示者视图"命令

图 12-107 查看效果

技巧拓展

除了上述方法外，按住Alt键，再依次按D键和V键，也可快速进入随意调节播放窗口的播放状态。

Extra Tip>>>>>>>>>>>

实例 281 让 Flash 动画在 PPT 中播放

问题介绍： 公司办公人员小佳在演示文稿中插入Flash动画后发现无法进行正常播放，可是她不知道应该怎样操作。下面为大家介绍如何让Flash动画在演示文稿中顺利播放。

① 在PPT中打开"素材\第12章\实例281\服装设计大赛.pptx"演示文稿，选择"开发工具"选项卡，在"控件"选项组中单击"其他控件"按钮，弹出"其他控件"对话框，在该对话框的列表框中选择"Shockwave Flash Object"选项，单击"确定"按钮，如图12-108所示。

② 在幻灯片中绘制Flash播放窗口后，右击并执行"属性表"命令，如图12-109所示。

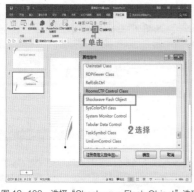

图 12-108 选择"Shockwave Flash Object"选项

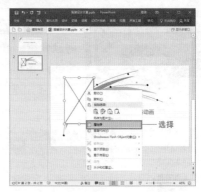

图 12-109 执行"属性表"命令

❸ 弹出"属性"对话框，在"Movie"右侧的文本框中输入"F:\素材\第12章\实例281\flash2107. swf"，即Flash文件的绝对保存路径，将"EmbedMovie"设为"True"，如图12-110所示。

❹ 按F5键播放演示文稿，此时Flash动画即可正常播放，如图12-111所示。

图 12-110　设置属性

图 12-111　查看 Flash 动画播放效果

技巧拓展

　　如果在演示文稿中没有"开发工具"选项卡，用户可以单击"文件"标签，选择"选项"选项，弹出"Power Point选项"对话框，选择"自定义功能区"选项，在"自定义功能区"下拉列表框中勾选"开发工具"复选框，单击"确定"按钮，如图12-112所示。

图 12-112　勾选"开发工具"复选框

Extra Tip❯ ❯ ❯ ❯ ❯ ❯ ❯ ❯ ❯ ❯ ❯ ❯

快速抢救丢失的演示文稿

问题介绍： 公司办公人员小曾在编辑演示文稿时，计算机突然死机了，重启后发现之前编辑的演示文稿都丢失了。她感到很焦急，不知道应该怎么办。

1 在PPT中打开"素材\第12章\实例282\销售统计额.pptx"演示文稿，单击"文件"标签，选择"选项"选项，如图12-113所示。

2 弹出"PowerPoint 选项"对话框，选择"保存"选项，在"保存"选项面板中查看自动恢复文件的位置，如图12-114所示。

图 12-113 选择"选项"选项

图 12-114 查看自动恢复文件位置

技巧拓展

为了防止发生意外，用户可以在"PowerPoint选项"对话框中将"保存自动恢复信息时间间隔"设为3分钟，单击"确定"按钮。之后系统将每3分钟自动对演示文稿进行1次保存操作，如图12-115所示。

图 12-115 设置保存自动恢复信息时间间隔

在演示文稿中启用宏

问题介绍： 公司办公人员小李用VBA制作互动式幻灯片后发现设置的VBA代码完全正常，但是在播放时却不能正常运行，她该怎么办呢？

① 在PPT中打开"素材\第12章\实例283\活动流程.pptx"演示文稿,选择"开发工具"选项卡,在"代码"选项组中单击"宏安全性"按钮,如图12-116所示。

② 弹出"信任中心"对话框,选择"宏设置"选项,在右侧面板中选择"启用所有宏"单选按钮,然后单击"确定"按钮,如图12-117所示。

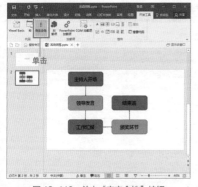

图 12-116 单击"宏安全性"按钮

图 12-117 选择"启用所有宏"单选按钮

技巧拓展

在"PowerPoint选项"对话框中选择"信任中心"选项,单击"信任中心设置"按钮,也会弹回"信任中心"对话框,如图12-118所示。

图 12-118 单击"信任中心设置"按钮

Extra Tip ＞＞＞＞＞＞＞＞＞＞＞＞＞

实例 284

演示文稿的模板和母版

问题介绍: 公司办公人员小杨发现在演示文稿中有模板和母版,他经常将这两者弄混,因此,他想了解这两个概念的含义和区别。下面为大家介绍模板和母版的含义和区别。

① 模板是指已经做好了的"样板",这个样板是在母版中设定甚至已经输入内容,比如文字、图片、背景、动画和声音等。以后遇到类似的内容,可以直接套用模板,即将现有内容替换为所需的内容,而不需要重新设置幻灯片版面内容,节省大量的工作时间,如图12-119所示。

② 母版规定了演示文稿（幻灯片、讲义及备注）的文本、背景、日期及页码格式。母版体现了演示文稿的外观，包含了演示文稿中的共有信息。每个演示文稿提供了一个母版集合，包括幻灯片母版、标题母版、讲义母版、备注母版等。打开新的PPT演示文稿，选择"视图"选项卡，在"母版视图"选项组中即可查看到母版集合，如图12-120所示。

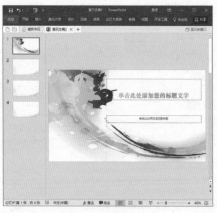

图 12-119　查看幻灯片模板　　　　　　　　　　　　　图 12-120　查看幻灯片母版

技巧拓展

模板和母版区别在于模板可以修改，母版在一般编辑状态不可以修改，只有在编辑母版状态下才可以修改。模板包含母版，模板比母版更强大，它不仅可以统一更改所有幻灯片的字体样式和配色方案等，还可以控制有多少种版式可以使用。在应用中一般是选择好了模板，即选择样式之后，再根据需要调节母版。

Extra Tip ＞＞＞＞＞＞＞＞＞＞＞＞＞

实例 285

占位符与文本框的异同

问题介绍： 公司办公人员小凯在制作演示文稿时，经常将占位符和文本框概念弄混，因此，想了解这两者的相同点和不同点。下面为大家介绍占位符与文本框的异同点。

① 相同点：占位符和文本框都以虚线方框的形式显示，都可以在方框中输入文本，如图12-121所示。

② 不同点：在幻灯片母版中可以看到有五种占位符样式，即标题占位符、文本占位符、数字占位符、日期占位符和页脚占位符；而文本框的类型只有横排和竖排两种，并且新建幻灯片后，占位符里可以没有内容，而文本框不能没有内容，如图12-122所示。

图 12-121 占位符与文本框的相同点

图 12-122 占位符与文本框的不同点

技巧拓展

　　如果需要插入新的幻灯片，用户可以选择"插入"选项卡，在"幻灯片"选项组中单击"新建幻灯片"下拉按钮，在下拉列表中选择满意的幻灯片类型，如图12-123所示。

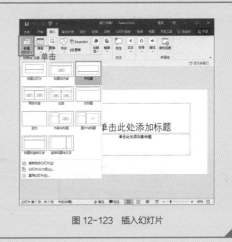

图 12-123 插入幻灯片

Extra Tip ＞＞＞＞＞＞＞＞＞＞＞

实例 286

修改演示文稿密码

问题介绍: 公司办公人员小肖想对演示文稿的加密密码进行修改，可是不知道该怎么操作。下面介绍对演示文稿加密密码进行修改或取消密码保护的操作方法，具体如下。

❶ 在PPT中打开"素材\第12章\实例286\情人节促销活动.pptx"演示文稿，单击"文件"标签，选择"另存为"选项。在打开的"另存为"选项面板中选择"计算机"选项，然后单击右侧面板中的"浏览"按钮，如图12-124所示。

❷ 打开"另存为"对话框后，单击"工具"下拉按钮，从弹出的下拉列表中选择"常规选项"选项，如图12-125所示。

图 12-124 单击"浏览"按钮

图 12-125 选择"常规选项"选项

③ 打开"常规选项"对话框，修改"打开权限密码"和"修改权限密码"右侧文本框中的内容后，单击"确定"按钮，并再次输入确认密码，如图12-126所示。

图 12-126 设置密码

技巧拓展

打开"常规选项"对话框后，清除"打开权限密码"和"修改权限密码"右侧文本框中的内容，单击"确定"按钮，即可删除设置的密码，如图12-127所示。

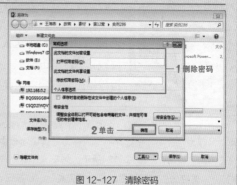

图 12-127 清除密码

实例 287

压缩演示文稿

问题介绍:公司办公人员小吴在演示文稿中插入大量图片后,发现演示文稿容量过大导致移动和演示起来都不方便,她想知道能不能将演示文稿压缩一下。

① 在PPT中打开"素材\第12章\实例287\观花值植物品种大全.pptx"演示文稿,单击"文件"标签,选择"另存为"选项,在"另存为"选项面板中双击"这台电脑"选项,弹出"另存为"对话框,设置文件保存位置,单击"工具"下拉按钮,在下拉列表中选择"压缩图片"选项,如图12-128所示。

② 弹出"压缩图片"对话框,在"分辨率"选项区域中选择"Web(150ppi):适用于网页和投影仪"单选按钮,然后单击"确定"按钮,如图12-129所示。

图 12-128 选择"压缩图片"选项

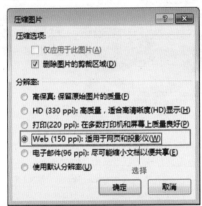

图 12-129 选择压缩图片的分辨率

③ 返回"另存为"对话框,单击"保存"按钮保存演示文稿,如图12-130所示。

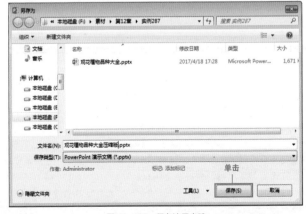

图 12-130 保存演示文稿

第1章
第2章
第3章
第4章
第5章
第6章
第7章
第8章
第9章
第10章
第11章
第12章

技巧拓展

在"压缩图片"对话框中,用户可以根据需要选择不同的分辨率,如图12-131所示。

图 12-131 选择合适的分辨率

Extra Tip>>>>>>>>>>>>

实例 288

难度系数:★★★
适用版本:全版本

设置屏幕分辨率

问题介绍: 屏幕分辨率是确定计算机屏幕上显示多少信息的设置,以水平和垂直像素来衡量。屏幕分辨率低时(例如640 x 480),在屏幕上显示的像素少,但尺寸比较大。屏幕分辨率高时(例如1600 x 1200),在屏幕上显示的像素多,但尺寸比较小。

① 在PPT中打开"素材\第12章\实例288\诗经.pptx"演示文稿,选择"设计"选项卡,在"自定义"选项组中单击"幻灯片大小"下拉按钮,在下拉列表中选择"标准(4:3)"选项,如图12-132所示。

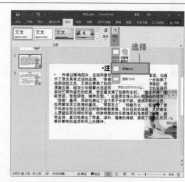

图 12-132 选择"标准(4:3)"选项

技巧拓展

显示分辨率就是屏幕上显示的像素个数,分辨率160×128的意思是水平方向含有像素数为160个,垂直方向像素数128个。屏幕尺寸一样的情况下,分辨率越高,显示效果就越精细和细腻。

在PPT演示文稿中PPT有时要在不同的显示设备上进行显示,分辨率可以按照16:9、4:3等进行设置,常用4:3分辨率为1024×768,1600×1200等;常用16:9的分辨率为1920×1080,1280×720,1366×768等;常用16:10的分辨率为1280×800,1920×1200等。

Extra Tip>>>>>>>>>>

② 弹出信息提示对话框，单击"确保合适"按钮，如图12-133所示。

③ 设置完成后可查看效果，如图12-134所示。

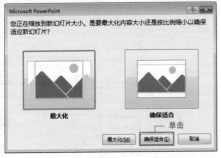

图 12-133 单击"确保合适"按钮

图 12-134 查看效果

技巧拓展

a.如果用户对上述两种幻灯片大小和类型都不满意，可以在"幻灯片大小"下拉列表中选择"自定义幻灯片大小"选项，如图12-135所示。

b.弹出"幻灯片大小"对话框，在"幻灯片大小"下拉列表中选择满意的幻灯片大小类型，如图12-136所示。

图 12-135 选择"自定义幻灯片大小"选项

图 12-136 选择满意的幻灯片大小类型

Extra Tip》》》》》》》》》》

实例 289

设置幻灯片放映的图像分辨率

问题介绍：公司办公人员小敏想要设置幻灯片中图像的分辨率，可是又不知道应该怎样设置。下面为大家介绍如何设置幻灯片中图像的分辨率。

第1章
第2章
第3章
第4章
第5章
第6章
第7章
第8章
第9章
第10章
第11章
第12章

① 在PPT中打开"素材\第12章\实例289\牡丹花.pptx"演示文稿，选中图片并右击，执行"设置图片格式"命令，如图12-137所示。

② 弹出"设置图片格式"导航窗格，单击"大小与属性"按钮，在"大小"选项区域中勾选"幻灯片最佳比例"复选框，在"分辨率"右侧下拉列表中选择满意的分辨率选项，如图12-138所示。

图 12-137 执行"设置图片格式"命令

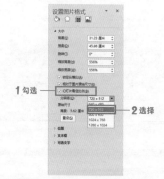

图 12-138 选择满意的分辨率选项

③ 设置完成后可查看效果，如图12-139所示。

图 12-139 查看效果

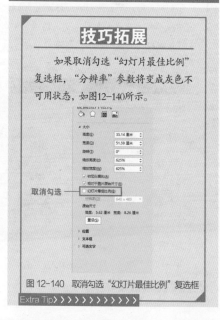

技巧拓展

如果取消勾选"幻灯片最佳比例"复选框，"分辨率"参数将变成灰色不可用状态，如图12-140所示。

图 12-140 取消勾选"幻灯片最佳比例"复选框

Extra Tip 〉〉〉〉〉〉〉〉〉〉〉〉

实例 290

设置演示文稿属性

问题介绍： 公司办公人员小王为了方便文档管理，想为演示文稿设置属性，可是他不知道应该怎样设置。下面为大家介绍如何对演示文稿的属性进行设置。

❶ 在PPT中打开"素材\第12章\实例290\世界和平.pptx"演示文稿,单击"文件"标签,选择"信息"选项,在"信息"选项面板中单击"属性"下拉按钮,在下拉列表中选择"高级属性"选项,如图12-141所示。

❷ 弹出"世界和平.pptx属性"对话框,选择"摘要"选项卡,在文本框中输入所需属性文本,单击"确定"按钮,如图12-142所示。

图 12-141　选择"高级属性"选项

图 12-142　输入属性内容

技巧拓展

如果需要查看演示文稿所有属性,可以在"信息"选项面板中单击"显示所有属性"按钮,效果如图12-143所示。

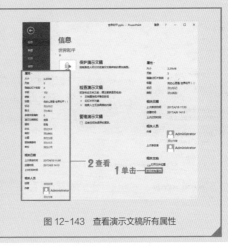

图 12-143　查看演示文稿所有属性

Extra Tip ＞＞＞＞＞＞＞＞＞＞＞＞

实例
291

难度系数: ★★★
适用版本: 07/10/13/16

按需删除文档信息

问题介绍: 公司办公人员小李想将演示文稿中不必要的内容和个人信息删除,可是她不知道应该怎样操作。下面为大家介绍如何按需删除文档信息。

❶ 在PPT中打开"素材\第12章\实例291\美晨花园推介会.pptx"演示文稿，单击"文件"标签，选择"信息"选项，在"信息"选项面板中单击"检查问题"下拉按钮，在下拉列表中选择"检查文档"选项，如图12-144所示。

❷ 弹出"文档检查器"对话框，在列表框中勾选相关复选框，单击"检查"按钮，如图12-145所示。

图 12-144　选择"检查文档"选项

图 12-145　单击"检查"按钮

❸ 检查完成后，在需要删除信息的右侧单击"全部删除"按钮，删除文档信息，如图12-146所示。

图 12-146　删除文档信息

技巧拓展

如果对检查结果不满意，可以在"文档检查器"对话框中单击"重新检查"按钮，如图12-147所示。

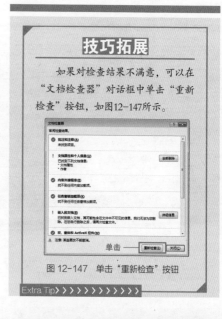

图 12-147　单击"重新检查"按钮

Extra Tip ＞＞＞＞＞＞＞＞＞＞

实例 292　调整图片的亮度

问题介绍： 公司办公人员小罗发现演示文稿中的图片比以前暗淡了，为了提高观看效果，她想调整图片亮度，可是又不知道应该怎样操作。下面为大家介绍如何调整图片的整体亮度。

① 在PPT中打开"素材\第12章\实例292\旅游指南.pptx"演示文稿,选中需要调整亮度的图片,选择"图片工具—格式"选项卡,在"调整"选项组中单击"更正"下拉按钮,在下拉列表中选择满意的对比度/亮度(如亮度:+40%,对比度:-40%)选项,如图12-148所示。

② 设置完成后可查看效果,此时已经成功调整图片亮度,如图12-149所示。

图 12-148　选择满意的对比度 / 亮度选项

图 12-149　查看效果

技巧拓展

为了使插入演示文稿中的图片更具特色,用户可以在"图片样式"选项组中单击"图片效果"下拉按钮,在下拉列表中选择满意的图片效果选项,如图12-150所示。

图 12-150　设置图片效果

Extra Tip ▶ ▶ ▶ ▶ ▶ ▶ ▶ ▶ ▶ ▶ ▶ ▶

实例 293

图片不是矩形怎么办

问题介绍: 公司办公人员小方想在演示文稿中插入矩形图片,可是他发现插入演示文稿中的图片并不是矩形,因此他想修改图片形状,可是又不知道应该怎样操作。

① 在PPT中打开"素材\第12章\实例293\销售报告会.pptx"演示文稿，选中图片并单击鼠标右键，执行"设置图片格式"命令，如图12-151所示。

② 弹出"设置图片格式"导航窗格，单击"大小与属性"按钮，在"大小"选项区域中设置图片高度，勾选"锁定纵横比"和"相对于图片原始尺寸"复选框，如图12-152所示。

③ 设置完成后查看效果，如图12-153所示。

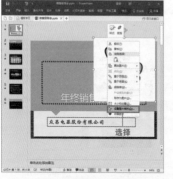

图 12-151　执行"设置图片格式"命令　　图 12-152　重新设置图片高度　　　　图 12-153　查看效果

技巧拓展

除了上述方法外，用户还可以在"图片工具—格式"选项卡中单击"大小"选项组的对话框启动器按钮，也可弹出"设置图片格式"导航窗格，如图12-154所示。

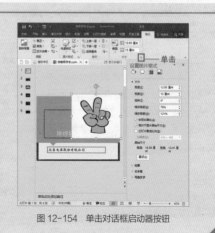

图 12-154　单击对话框启动器按钮

Extra Tip》》》》》》》》》》》》

实例 294　打印幻灯片时添加编号

问题介绍： 公司办公人员王翔需要打印多张幻灯片，为了避免打印后不小心将页码顺序混淆，她想为幻灯片添加编号，可是又不知道应该怎样操作。

① 在PPT中打开"素材\第12章\实例294\旅游指南.pptx"演示文稿，单击"文件"标签，选择"打印"选项，在"打印"选项面板中单击"编辑页眉和页脚"按钮，如图12-155所示。

❷ 弹出 "页眉和页脚" 对话框，选择 "幻灯片" 选项卡，勾选 "幻灯片编号" 复选框，单击 "全部应用" 按钮，如图12-156所示。

图 12-155　单击 "编辑页眉和页脚" 链接按钮

图 12-156　勾选 "幻灯片编号" 复选框

技巧拓展

如果想在幻灯片中添加日期和时间，可以在 "页眉和页脚" 对话框中选择 "备注和讲义" 选项卡，在 "页面包含内容" 选项区域中勾选 "日期和时间" 复选框，单击 "全部应用" 按钮完成设置，如图12-157所示。

图 12-157　添加日期和时间

Extra Tip＞＞＞＞＞＞＞＞＞＞＞＞＞

实例 295

为图片添加快速样式

问题介绍： 公司办公人员小红在对演示文稿中的图片进行编辑时，为了让图片看上去更加美观，想为图片应用快速样式，可是不知道该怎么操作。下面为大家介绍为图片应用快速样式的操作方法，具体如下。

❶ 打开演示文稿，选择需要应用快速样式的图片，切换至 "图片工具-格式" 选项卡，单击 "图片样式" 选项组中的 "其他" 按钮，如图12-158所示。

❷ 在展开的 "图片样式" 下拉列表中选择 "矩形投影" 样式选项，即可为选择的图片添加快速样式，效果如图12-159所示。

图 12-158 单击"其他"按钮

图 12-159 选择"矩形投影"选项

技巧拓展

如果需要调整图片的层次位置，用户可以选择"图片工具—格式"选项卡，在"排列"选项组中单击"下移一层"或"上移一层"下拉按钮，在下拉列表中选择所需的位置选项，如图12-160所示。

Extra Tip▶▶▶▶▶▶▶▶▶▶▶▶▶▶

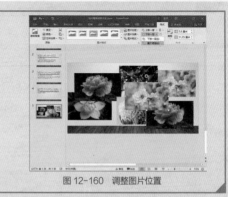

图 12-160 调整图片位置

实例 296

在 PPT 放映时展示所有的特效

问题介绍： 公司办公人员小张制作演示文稿时，发现添加的动画效果并没有表现出来。对此，他感到很困惑，但是不知道应该怎样解决。

① 在PPT中打开"素材\第12章\实例296\彩球升空.pptx"演示文稿，在"动画"选项卡中单击"预览"按钮，查看到动画效果时，并没有出现淡出效果，而是直接显示退出效果，如图12-161所示。

图 12-161 查看动画效果

② 此时只需在"计时"选项组的"开始"下拉列表中选择"上一动画之后"选项，单击"预览"按钮即可依次查看进入、强调、退出效果，如图12-162所示。

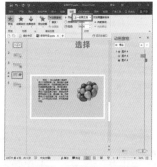

图 12-162　查看修改后动画效果

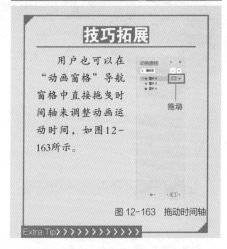
实例 297　设置 PPT 的换片方式

适用系数 ★ ★　适用版本：07/10/13/16

问题介绍： 公司办公人员小李发现播放演示文稿时，要单击两次鼠标左键才能切换幻灯片，她感觉这一操作非常麻烦，可不可以单击一次鼠标左键即可切换幻灯片呢？

① 在PPT中打开"素材\第12章\实例297\礼仪之邦—中国.pptx"演示文稿。

② 选择"切换"选项卡，在"计时"选项组中的"换片方式"选项区域中取消勾选"单击鼠标时"复选框，此时只需要单击一次鼠标左键即可切换幻灯片，如图12-164所示呢？

图 12-164　取消勾选"单击鼠标时"复选框

第 1 章
第 2 章
第 3 章
第 4 章
第 5 章
第 6 章
第 7 章
第 8 章
第 9 章
第 10 章
第 11 章
第 12 章

实例 298　让插入 PPT 中的动图动起来

问题介绍： 公司办公人员小陈发现插入PPT中的动图不能动了，她想要解决这个问题，可是又不知道应该怎样操作。

① 在PPT中打开"素材\第12章\实例298\幼儿园游戏策划.pptx"演示文稿，选中动图，选择"图片工具—格式"选项卡，在"调整"选项组中单击"压缩图片"按钮，如图12-166所示。

② 弹出"压缩图片"对话框，在"分辨率"选项区域中选择"电子邮箱（96ppi）"单选按钮，然后单击"确定"按钮，如图12-167所示。

图 12-166　单击"压缩图片"按钮

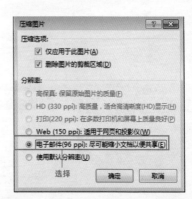

图 12-167　选择"电子邮箱（96ppi）"单选按钮

技巧拓展

有些比较小的动图在编辑演示文稿时不会动，但是在播放幻灯片时会动，因此这类动图不需要执行"压缩图片"命令。

Extra Tip ▶▶▶▶▶▶▶▶▶▶▶▶▶

实例 299　重新链接已失效的本地超链接

问题介绍： 公司办公人员小敏在PPT中成功创建了本地超链接，但是后来由于修改了链接文件的地址，导致所有的链接都是失效了。下面为大家介绍出现上述问题的解决办法。

① 在PPT中打开"素材\第12章\实例299\观花植物品种大全.pptx"演示文稿，按住Ctrl键同时单击超链接，即可弹出信息提示框，可看到原先的链接失效了，如图12-168所示。

② 此时用户只需要将演示文稿与链接文件置于同一文件夹就可解决，如图12-169所示。

图 12-168　查看信息提示框

图 12-169　解决方法

技巧拓展

为选择的文本添加超链接后，在放映幻灯片过程中，当鼠标指针移动至超链接文本处，会变成手指形状，单击即可打开超链接，如图12-170所示。

观花植物品种大全

单击

图 12-170　单击打开超链接

Extra Tip▶ ＞＞＞＞＞＞＞＞＞＞＞

实例 300

从当前幻灯片退回上一张幻灯片

问题介绍： 公司办公人员小王在播放演示文稿时误操作导致切换到了下一张幻灯片，她想退回到上一张幻灯片，可是不知道应该怎样操作。

❶ 在PPT中打开"素材\第12章\实例300\股东大会.pptx"演示文稿。

❷ 按F5键播放演示文稿，切换到下一张幻灯片后，用户可以右击并执行"上一张"命令，如图12-171所示。

图 12-171　执行"上一张"命令

第1章
第2章
第3章
第4章
第5章
第6章
第7章
第8章
第9章
第10章
第11章
第12章

技巧拓展

如果在编辑演示文稿时出现操作失误，可以按Ctrl+Z组合键执行"撤销"命令。

Extra Tip>>>>>>>>>>>>>

职场小知识

懒蚂蚁效应

简介: 勤与懒相辅相成，"懒"未必不是一种生存的智慧。懒于杂务，才能勤于思考。

日本北海道大学进化生物研究小组对三个分别由30只蚂蚁组成的黑蚁群的活动进行了观察，结果发现，大部分蚂蚁都很勤快地寻找、搬运食物，少数蚂蚁却整日无所事事、东张西望，人们把这少数蚂蚁叫做"懒蚂蚁"。有趣的是，当生物学家在这些"懒蚂蚁"身上做上标记，并且断绝蚁群的食物来源时，那些平时工作很勤快的蚂蚁表现得一筹莫展，而"懒蚂蚁"们则"挺身而出"，带领众蚂蚁向它们早已侦察到的新食物源转移。

"懒蚂蚁"总能看到组织薄弱之处，拥有让蚂蚁群在困难时仍然存活的本领，可以避免把全部蚁力投入到搬运食物的劳作中，总是保持对新食物的探索状态，从而保证群体不断得到新的食物。勤与懒相辅相成，勤有勤的原则，懒有懒的道理，懒未必不是一种生存的智慧。反过来想想，一只勤劳的蜘蛛所织的网为什么会经常破呢？也许，它根本就选错了地方，比如找了个风口织网，网自然很容易破。它为什么不能换一个地方，非得一遍又一遍地修网呢？只能说明它没能跳出狭窄的视野，找到问题的关键。有句话叫"会者不忙，忙者不会"。凡是像那只忙碌的蜘蛛一样，在企业里忙得昏头昏脑的老板，一定是一个不懂管理的老板。如果一个管理者不懂得管理，他就永远不会发现问题的关键，可能会一次次延续错误的方法，这样的企业难以成功。在和生产一线车间班组的干部职工交流思想时，发现在一些干部职工中存在一种较为普遍的认识，很值得思索。就是有一些干部职工对企业中不直接参与安全生产人员的贡献存在一定偏见，认为这部分人很少能对企业的发展做出实质性付出，甚至在添乱和浪费企业有限的发展资源。企业领导者应该客观而形象简洁地分析存在于干部职工中的这种认识，消除误区，揭示问题，并加以合理评判和引导。

勤与懒相辅相成，"懒"未必不是一种生存的智慧。懒于杂务，才能勤于思考。一个企业在激烈的市场竞争中，如果所有人都很忙碌，没有人能静下心来思考、观察市场环境和内部经营状况，就永远不能跳出狭窄的视野，那些找到并发现问题、解决问题的人才是关键，这样才能让不同类型的人相互合作，共同找出企业未来的正确发展方向并规划一个长远的战略。